心静无忧

东方心理咨询

PEACE OF MIND
EASTERN
PSYCHOLOGICAL
COUNSELING

吉林外国语大学学术著作出版基金资助出版

张福全　金圣华　谢琛　著

中国科学技术大学出版社

内容简介

随着社会生活节奏加快,人们的心理波动加大,人的心理问题明显增多,整个社会对心理咨询知识的需求非常迫切。本书作者基于本土文化及中国人的人格特点,把中国的哲学思想、中医学思想与现代心理学思想相结合,在长期实践探索与验证的基础上,构建出了一套富有特色的本土化心理咨询的方法体系。本书前 7 章介绍心理咨询的具体案例,给人以直观的感知;后 6 章是对方法体系的介绍,呈现出解决问题的整体策略。可供心理咨询师、高校辅导员与班主任、心理问题咨询者、广大家长及心理学爱好者参考阅读。

图书在版编目(CIP)数据

心静无忧:东方心理咨询/张福全,金圣华,谢琛著. —合肥:中国科学技术大学出版社,2022.6

ISBN 978-7-312-05452-5

Ⅰ.心⋯ Ⅱ.①张⋯ ②金⋯ ③谢⋯ Ⅲ.心理咨询 Ⅳ.B849.1

中国版本图书馆 CIP 数据核字(2022)第 090715 号

心静无忧:东方心理咨询
XINJING WUYOU:DONGFANG XINLI ZIXUN

出版	中国科学技术大学出版社
	安徽省合肥市金寨路 96 号,230026
	http://press.ustc.edu.cn
	https://zgkxjsdxcbs.tmall.com
印刷	安徽国文彩印有限公司
发行	中国科学技术大学出版社
开本	710 mm×1000 mm 1/16
印张	13
字数	220 千
版次	2022 年 6 月第 1 版
印次	2022 年 6 月第 1 次印刷
定价	50.00 元

序

  阅读完整篇书稿,浓郁的本土气息扑面而来,给人以格外的亲切之感,这确实是一部很有特色的心理咨询著作。

  本书前部分通过真实案例的展示,具体地展示了解决心理问题的实操过程,并做了概括化的处理,使案例既得到了呈现,而又不过于冗长。清晰的咨询思路,整合性解决问题的方法,给读者以新的启发。

  最值得提及的是,它以中国的哲学、中医学和现代心理学理论为基础,在理论与实践相结合的过程中探索出了一套颇具特色的心理咨询方法体系。

  这一方法体系紧紧抓住了心理咨询的根本,那就是"分析阴阳,平衡阴阳"。《黄帝内经》明确地讲:"阴阳者,天地之道也,万物之纲纪,变化之父母,生杀之本始,神明之府也,治病必求于本。"本书作者依据古人的指引,经过多年的实践探索,形成了一套基于阴阳理论和中医学理论的可操作的心理咨询方法,即了解问题的"望闻问"和解决问题的"阳性法""阴性法""关系法",整体咨询策略清晰明了。

  阅读书稿,使我想起了在民间广为流传的明末清初名医傅山让人"煮石治病"的案例。

  说是有一位男子找到著名的医生傅山给他的妻子看病,由于妻子怪罪丈夫,心生怒气,已经几日不能下床了,故请医生看病。医生知道来由后,告诉他在回去的路边的一个河沟里,有一个鹅蛋大小的黑石头,你把它拿到家里先用猛火,然后再用文火煮,把它煮化了之后再给妻子服用。丈夫在回去的路边沟里,果然找到了那个"黑石蛋"。高兴地把它带回家,架起一口大锅,在庭院里日夜不停地开始煮"石蛋"。妻子见状,不忍心丈夫这样辛苦,也就下床来帮助丈夫一起煮"石蛋"。一连几天,石蛋还是没有化。丈夫又去找大夫,大夫说,你妻子的病已经好了。

这个故事说明,古人已经能够深刻地了解了情绪引起疾病的原理,所以,很巧妙地设计了一个策略:通过其丈夫的真诚行动去转变妻子对丈夫的看法,从而消解掉其负性的情绪,把妻子对丈夫的怨恨转化为疼爱。由于妻子认知发生了改变,情绪也就随之而发生了改变,恢复了平衡,心病也就好了。

这不就是典型的心理治疗吗?这种方法现在用此书的观点来衡量,应该称之为"阴性法"。因为丈夫用行动感动了妻子,化解掉了妻子心中的"怒气",卸掉了负能量,使其心理得以平衡,这是在"祛邪",应该属于"阴性法"。

按照本书的观点来分析,这一案例是很典型的"心理咨询",因此也可以说,早在400多年前,甚至更早的年代,我们华夏大地就已经具有了本土的心理咨询。所以,心理咨询在中国的实践与应用,远比现代心理学的产生要早得多。

我之所以愿意为本书作序,也是因为它引起了我的共鸣。我曾在2006年的一次国际会议上也提出了"阴阳辨证,促进内心和谐"的观点,并在期刊上发表过类似的文章,提出了一些具体的操作方式,但是并没有进行更深入的研究和推广。此时看到此书,它击中了我的本土情节,能让中华文化在新时代发挥出其应有的作用,助力人们的心理健康,正是本人多年前的愿景。看到此书所阐述的已经成型的方法体系,内心的喜悦无以言表。书中的许多文字都体现出了中华文化的魅力。

值得称道的是,本书所提出的"三大方法"体系,可以把众多心理咨询方法都纳入其中。无论何种方法,都可以以达成的目标或实现的功能做区分,让咨询的目的更加清晰。并且,基于这种咨询策略,心理咨询师可以随时生成新的更有针对性的有效方法,创造性地解决问题。

这本书介绍的案例都展示出很好的应用效果。很多案例都使用了多种方法,体现了方法运用的整体性和灵活性,即使同一症状,不同的人也运用了不同的方法。比如两个都是失眠的人,使用的方法是不同的,这正体现了中医的"辨证论治"思想。每个案例无论使用了多少方法,都没有脱离三大方法的范畴,是三大方法在咨询中的具体运用。

东方和西方在文化上的差异是巨大的,在此基础上形成的人格特点的差异也是巨大的。用西方的钥匙开东方这把锁,不太容易对得精准。本书所呈现的整体性解决问题的方法体系,是解决上述问题的一次全新的探索,具有非常重要的理论意义与实践价值。

作为心理学领域的一员老兵,真心希望有越来越多的人能在理论与实践相结合的道路上不断探索,走出一条具有东方特色的心理咨询之路。

郑日昌
2021 年 11 月于北京

前　言

从事心理咨询工作多年来，看到很多来访者的痛苦，看到很多心理咨询师如饥似渴地到处奔波学习，看到很多家长焦虑的神情……于是我们想能否把自己多年的思考和实践所总结出的"简便"方法分享给大家，让更多的人能够对心理问题有更清晰的认识，让更多的人找到解决问题的便捷之路，同时也能让更多的人从字里行间获益。

让这些文字成为咨询师的"手"，以观念的形式助力人们避免产生心理上的困扰，同时避免成为别人心理问题的制造者，我们衷心期望读者能够凭借文字的能量找到解决自我问题的方法，并且有能力帮助他人解决问题。

经过多年在咨询工作中的实践探索，我们发现中华传统文化中有很多宝贵的思想资源，我们正是借助这些资源构建了清晰的解决心理问题的方法和策略，即阳性法、阴性法和关系法，也就是从阴阳和关系中去寻找问题的根源，在对阴阳和关系的调节中解决问题。正所谓妙言至径、大道至简，愿这些简单的解决问题的策略，能够给人以新的思考和启发。

本书共有13章，前7章主要以案例的形式呈现解决问题的大体进程而非全景再现，期望能给读者直观的体验以便于理解和实操。后6章是方法体系的理论阐述，也是本书的核心。当我们读完理论部分后再回过头来重新看前面的案例，一定会产生不一样的阅读体验，也许更能理解咨询师为什么会采用那些疏导方法。

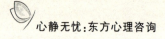

心静无忧：东方心理咨询

  本书的主旨是向读者提供一种有效解决心理问题的方法体系，虽然是学术著作，但也尽量以通俗易懂的方式加以阐释，让理论性、实用性和可读性有机结合，以满足不同读者的需求。但愿本书能成为打开您心扉的好朋友，愿每一个字所具有的能量都能引导人们走向幸福的彼岸。

  让我们一起学习，一起成长！

作　者

目　录

i　序

v　前言

001　**第一章　顽固的失眠**
失眠可以引起焦虑，焦虑也可以引起失眠。

014　**第二章　失落的班长**
祸兮福所倚，福兮祸所伏。

022　**第三章　心灵的转化**
认知决定情感，情感影响行为。

038　**第四章　踏不进的校园**
温暖的太阳，投射出他内心升起了更大的希望和力量。

051　**第五章　死亡的漩涡**
人生最大的恐惧是面对死亡。如果连死都不怕，还怕什么呢？

059　**第六章　随爱人而去**
世事无常，面对各种苦难，我们只能够承受。

069 　第七章　频繁地洗手
只要心中有梦想,就会有无穷的力量。

085 　第八章　东方的道路
心理学的第一个故乡在中国!

099 　第九章　中医学的启示
"扶正祛邪",大道至简。

115 　第十章　阳性法"扶正"
一阴一阳谓之道。

135 　第十一章　阴性法"祛邪"
阴平阳秘,精神乃治。阴阳离决,精气乃绝。

155 　第十二章　关系法"链通"
心理问题是不良关系的产物。

174 　第十三章　防患于未然
凡事,预则立,不预则废。

191 　参考文献

195 　后记

第一章　顽固的失眠

失眠可以引起焦虑,焦虑也可以引起失眠。

失眠,很多人都体验过。长期失眠的人就更是深受煎熬,漫漫长夜,辗转反侧……如果有方法能够让失眠的人美美地睡上一觉,该有多好啊。

如果有这样一个案例,我们该怎么办呢?

"×××,在校大学生,20 岁左右,已经有两年左右的时间晚上睡不好觉了,希望老师能帮助他解决这一令他非常苦恼的问题。"

如果是心理咨询师,可以进行如下操作;如果是来访者,也可以参照自我解决。

首先要做的就是清楚地了解问题,即了解他问题的现状及问题形成的原因。从医学角度看,诊断是治疗的前提;从教育角度看,了解是教育的前提。心理咨询也一样,了解是咨询的前提。了解得越清楚、细致,解决问题就会越有针对性,效果也会越好。

对于心理咨询来说,收集分析详细的信息是非常重要的。一提到失眠,很多人可能会想到,不就是睡不着觉吗?好像失眠都一个样子,就是睡不好觉。其实,失眠也是各有特点的,每个人都不一样,需要进行详细分析。

比如,有的是因为焦虑引起的失眠;有的是因为抑郁产生的失眠;有的是因为强迫症造成的失眠;有的是因为头疼引发的失眠;有的是因为头部病变导致的失眠;有的是因为突发事件的困扰触发的失眠;有的是因为神经衰弱形成的失眠……有的不是单一因素,而是多重因素叠加在一起造成的。失眠的原因很多很多,要做到"辨证论治",就需要我们对每一个人的问题进行细致认真的分析。下面,我们就来分析一下这个来访者。

【案例1】 来访者,20岁左右,个子不高,身体健壮,目光平和有神,脸色红润,表情自然;说话声音比较大,话语也比较多;行走比较快,行动有力。

他和父母的关系还是比较好的,家庭关系很和谐,原生家庭没造成什么不利的影响。学习生活也算比较顺利,没有遇到过较大的不良影响事件。

他的人生是有梦想的,想要成为国内著名的心理学专家。

他的兴趣很多,各种体育活动都爱参加,尤其是球类。他是学校篮球队的队员,每天都会参加体育活动。

他和同学的关系还算不错,朋友不多,但还有几个能聊得来的。

他主动介绍说,两年前他去医院检查,被医院诊断为强迫症。并把诊断书拿给咨询师看。

他来咨询的目的是,希望咨询师把他的"病"去掉。现在做事不专心,总是担心晚上睡不着觉,怕别人睡觉弄出声响,自己就睡不着了。

依据上面介绍的简要信息,对这一来访者,我们会形成什么印象?

概括地说。他的问题主要有两点:一是强迫症,二是失眠。他成长的家庭环境不错,身体状况较好,喜欢体育运动,精神状态尚可,人际交往也不错,身边有朋友,成长动力不弱,总体情况还算不错。

像他这样的情况,按理说是不太容易出现心理问题的,怎么会出现问题了呢?

其实,他还有一件事情,开始一直没有讲,那就是他在中学时有个不良的隐私习惯,现在看来自己也不在意这件事了,所以也就没有提到它。他之所以提到这件事,是在咨询师的多次启发下,才讲出来的。这是因为咨询师产生了前面提到的疑问,即他的问题是如何产生的呢?所以咨询师就询问,你再想想还有哪些事情对你可能有过影响?他才讲述了手淫这件事。咨询师根据以往的咨询经验,接触过类似的案例,觉得他可能有不良的隐私习惯,但是又不便直接去问,希望他能够自己讲出来,就启发他想想看还有哪些事情可能对他产生影响。他的说法果然印证了咨询师的猜测。

咨询师心中猜想,这可能是他问题形成的主因。虽然来访者觉得这件事对他已经没有什么影响了,但是,它毕竟是不被提倡、难以启齿的事情,当初在发生这种行为的时候一定会有这样那样的矛盾和担心,这些担心和忧虑对他的心理造成了影响。即使他现在认为对这件事没有什么担心了,但是,这种担心的影响已经在过去发生过了,影响已经造成了。好在,现在这件事已经对他没有压力了,问题的解决就相对简单一些。

　　接下来该是解决问题的时候了。一花一世界,一例一惊奇。每一个案例都有独自的特点,也有独特的解决问题的方法。

　　"你有强迫症,是吧?"咨询师问。

　　"是的,是精神病医院做的诊断。"

　　"可是,我们已经交谈了将近2个小时,你的强迫症出现了吗?"

　　"没有。"

　　"这就说明,强迫症不是时时刻刻都在,你并不是完全处在强迫状态之中,是吧?"

　　"是的,我以前没有思考这些。"

　　"你说,感冒是病吗?"

　　"嗯,算是常见的流行病。"

　　"如果,过些天就好了,你说他是个感冒病人吗?"

　　"得了感冒时,是有病,好了就没了。"

　　"你的强迫症是否天天都在吗?"

　　"也不天天在,时轻时重,有时还感觉比较正常。"

　　"这就说明,强迫症与感冒症状不同,出现的频率也不同,感冒一年也就几次,有的人可能一次也没有,而强迫症则频繁出现。然而它们也有相似点,就是时有时无,并不长久。就算是强迫症顽固,也不是时时刻刻都在,也就是说,我们不是分分秒秒都是强迫症病人。那就没有必要给自己定义为是强迫症病人。虽然,医院有这样的诊断,那是医务工作的需要。我们要有正确的认知,不要被这一病名吓破了胆。因为你多次提起医院诊断你为强迫症,说明你很在意。这种在意,又构成了一种新的压力,这种压力不同于对症状感受痛苦的压力,而是对一个'病人'——一个'不健康的人'在认知上的压力。与其他人相比自己失去了健康,是一个'病人',心理上会形成自卑。由于确认了自己是'病人',所以,总想从'病'的状态中解脱出来,当你想解救自己的时候,暗示自己深陷困境之中,是真实的病人。当你不想解救时,暗示自己是非'病'的正常状态,是原本的状态。所以,撕掉这个'病人'的标签,不要确信自己是一个病人,而是一个偶尔会出现问题的正常人。撕掉'强迫症'的标签,换上偶尔会出现状况的'正常人'标签。说换标签容易,真正能做到,还需要深刻的领悟,你自己努力去思考这个问题吧。"

其实,任何事物都有两面性。看病本来是治病,同时也可能会致病。且不说治疗肝脏有可能伤害到肺部,治疗肺部也有可能伤害到肝脏,就是普通的身体检查,查出某个部位有个结节,或者有脂肪肝、胆固醇高等,都会让原本各种指标都很好的人,徒增心理上的负担,何况贴上了病人的标签了,心理上的压力一定会有的。因此,淡化"病人"的意识,从"病人"意识的深井中爬出来,应该是解决问题的第一步。

"你想一下,白天的时候你在做什么?"咨询师再问。

"白天的时候,做事不够专心,经常担心到了晚上睡不着觉。"

"你每个白天都在做晚上睡不着觉的准备。"咨询老师下结论式地说。

他满脸疑惑地抬起头,看着咨询师。

"你在白天就担心晚上睡不着觉,不是在准备睡不着吗?"咨询师继续说,"晚上还没有到,睡着睡不着其实谁也不知道,仅仅是你的设想,你就产生了担心,不是在准备晚上睡不着吗?你用一整个白天,在做晚上睡不着的工作。"

"嗯",他看看咨询师,眼中闪过一丝笑容,似乎明白其中的道理了。

"记得你想成为著名的心理咨询专家,是吧?"咨询师问。

"是的,我学习心理学就是因为有这样的梦想。"

"你一直都在为你的梦想努力吗?"

"虽然也在学习,但是,还没有投入全部的精力,总是希望等问题解决了,再集中精力去干。"

"咨询师的观点与你截然相反,如果你能集中精力去干,你的问题就解决了。这需要有一个令你非常向往,情绪高涨,能激发你的内在成长动力的人生梦想或者是兴趣。"

"我是从其他专业转到心理学专业的,对心理学非常感兴趣,想在这个领域做出自己的贡献。"

"这很好,你是个有梦想的人。梦想谁都有,而梦想的真正实现是要靠行动来支撑的。如果有梦想而没有落实到实际行动上,那梦想只能是空想,是梦,而非梦想。真正的梦想可以产生引导力和内驱力这两种强大的能量,足以使我们克服各种困难,完成各项任务,不断趋近于目标。如果从今天开始,真正地去实现你的梦想,你将如何规划近期的生活?"

"我首先要考研究生。"

"好,那就从考研究生开始,把每天的学习内容规划好,完成每天的任务,同时检查当天的完成情况,没有完成第二天要补救,落实要细致。你也可以借鉴一下西方著名哲学家康德的作息时间安排。"

康德的作息时间表

4:45　起床;

7:00　备课;

8:00～9:00　上课;

9:00～12:45　写作;

13:00～16:00　午餐,待客;

16:00～17:00　散步;

17:00～22:00　看书(要求:书房温度恒定15摄氏度);

22:00～4:45　睡觉。

自己也应制订一份合适的作息表。

任何人的成功都是由成功的要素构成的,并不仅仅是个人的幸运,更是不懈努力的结果。康德的成功可以归功于聪明加勤奋,尤其是勤奋,一直被众人所称道。康德为自己设定了严谨的作息时间,并严格执行。以至于市民们看见他散步,就知道该是什么时间了。有一次,他因为看卢梭的《爱弥儿》沉浸在故事的情景之中,竟忘了出门散步,市民们由于没看见散步的康德,很多人都把时间都搞错了,影响了不少人的生活。

"梦想是人生的强大动力。"咨询师说,"当你的梦想足以令你热血沸腾,你担忧的想法,负性的情绪,都会随之消散,各种困难也会由大变小,由小变无,这是因为梦想所带来的能量增强所致。所以,在行动中去实现你的梦想吧,这也是你摆脱困扰的最好办法。"

"好的,老师,我明白了,回去之后就行动。"

"好,最后,我要送你一个解决失眠的小妙方。"

最后,咨询师告诉他一个解决失眠问题的小妙方——上床之后,就把自己交给床。具体操作有以下几个步骤:

(1) 心想,只要闭目就养神,不睡也没事(内心要确信和理解);

(2) 内心,不追求睡着,把自己交给床,顺其自然;

(3) 命令,不与失眠做斗争,不斗争就不会有失败。

这三条，是以心理咨询的方式克服普通失眠的操作技术，对于由生理疾病所引起的失眠，还是要以医疗模式为主。

第一条，是理解和确信即使晚上没有睡着，闭上眼睛躺一晚上，也在一定程度上得到了休息。有人做过实验，有的失眠者总说自己天天睡不着觉，可是在睡眠实验室观察中发现，他所说的没有睡着，实际上他是时睡时醒的状态，他以为自己整个晚上都没有睡觉，其实是睡着了却不知道而已。研究也发现，即使进行干扰，让人不睡觉也是不容易的，因为睡眠本来是一个自然过程，人疲劳了自然要入睡。

结合这位来访者的精神状态分析，他的总体身心状况还是不错的，并没有长期失眠者所表现出的身心疲劳、无精打采的状态，所以说，他的失眠并不是真的很严重，而是感觉很严重。所以，稍微做一些心理上的调节，睡眠就能够得到改善。

第二条，是主观上不追求睡着，顺其自然。主观上追求睡着，从起心动念开始，就已经预示了睡不着，否则为什么追求睡着呢？追求睡着，是睡不着的明显暗示，是在做睡觉的反向工作，所以不要一味追求睡着，反而却睡着了。

第三条，是不与失眠作斗争，说是命令，就是要坚决做到不与失眠作斗争。之所以这样说，是因为失眠所引起的焦虑，往往是因为我们整晚都在与失眠作斗争，想尽了各种办法，如数数，看无意义的书籍，冥想，听催眠曲，起来做其他事情……无论如何折腾，最终还是失败了，苦恼地折腾了一夜，换来的是更加苦恼。所以，很多失眠者的苦恼和焦虑，不仅仅是失眠造成的，更是由于与失眠做斗争的失败造成的。斗争也是失败，那就不如不斗争，放弃抵抗，不进行斗争，就不会有失败，也不会出现失败所带来的痛苦。不与失眠做斗争，斗争的意识解除，反而会使自己接受现实进而平静下来，焦虑的状况就会得到改善，心理的紧张度一旦松弛，身体就会放松下来，在一定程度上，顺应了自然，睡眠也就得以改善了。

后来，这个来访者经过几次辅导之后，睡眠状况得到了明显的改善，学习的劲头更足了，也如愿考上了研究生。

失眠是人们生活中常见的现象，有些人饱受其苦，备受煎熬。失眠，大体可分为生理失眠和心理失眠两类。生理失眠是由于生理缺陷或者生理疾病引起的失眠；心理失眠是由于心理问题所诱发的失眠。我们多数人的失眠都是由于心理原因所引起的,即属于心理失眠。如一些偶然的事件,都可能引起我们的兴奋、紧张、焦虑,造成我们的失眠,长时间的情绪抑郁、精神障碍等也可能造成失眠。失眠不仅有类别的差异,也有个体的差异,所以在解决失眠问题上,既要考虑失眠的一般性特点,也要考虑失眠者在人格、成长环境、经历等方面的差异;既要考虑失眠者的一般性特点,更要考虑失眠者的个体差异,制定有针对性的整体解决策略,这样解决问题的效果方能最优。

【案例2】 有这样一个案例:来访者年龄30多岁,女性,她因为产后孩子晚上哭闹而睡不好觉,以后就开始失眠。一连好几个月了,为此痛苦不堪,希望咨询师能够尽快帮助她摆脱痛苦。

观察她的精神状态,面庞稍显血色不足,说话声音较大,语速急促,行走速度不快不慢,思维比较清晰,情绪焦虑明显,急躁,刚联系上咨询师,就急迫地想要马上过来咨询。

她描述的症状是,经常失眠,白天工作没精神,身心疲惫,白天总是担心晚上睡不着,焦虑不堪。晚上睡不着时,她也采取了很多办法。如,睡不着觉干脆就不睡,坐起来,或者下地走走,有时还会拿起书来读。这种折腾非但没有见到任何效果,反而增加了她对能否有办法解决自身问题的担心,加重了焦虑的情绪。

了解她的成长经历得知,小时候爸爸和妈妈经常吵架,现在不吵了。妈妈比较强势,对她管得严,会时常打骂女儿。这样的环境对她产生了很消极的影响,使她内心中来源于家庭生活,特别是来源于父母的正能量,也就是爱的情感不足。家庭关系不和谐的成长环境,容易使孩子产生不安全感,形成自卑心理。不良成长环境下塑造的人格,更容易关注自己,特别是关注自己的感受,不太容易关注和理解别人的感受,同理心较弱。在和别人交往时常常形式大于内容,缺乏真情。在别人看来,或者从其他人的角度来感受她的状态,会觉得缺乏温度,缺少温情,不是那么温暖,所以朋友不会太多。

在交谈中还了解到,她特别担心如果失眠治不好怎么办,甚至想到很多不良后果,如丈夫会怎么想,孩子会不会受影响,等等。

总体评估判断,她的问题除了失眠,更关键的就是因失眠引起的严重焦虑。失眠和焦虑是恶性循环的。失眠可以引起焦虑,焦虑也可以引起失眠,它们之间的影响是相互的。谈到焦虑,我们也不要以为她就是焦虑,没有其他情绪了,其实当人的负性情绪出现的时候,各种消极情绪往往是共生的,只是某种情绪表现得突出、明显而已,还有其他情绪在。比如焦虑的人,往往也有抑郁、担心、忧伤、愤怒等情绪,抑郁的人也会有这些情绪,虽然我们不会一一谈及,但是我们也要心里有数,这样才能对人的整体状况有比较准确的把握。

把她的失眠与严重焦虑,以及她的独特人格状态和成长经历等联系起来,就是她的特殊性。

"失眠"和"失眠"是不同的,因人而异。从字面上看,或者说从语词概念上来说,是完全相同的。但现实中的"失眠"与"失眠"各不相同。就像某人问"水没有烧开",怎么办?在我们还没有搞清问题的情况下是很难回答的。"水没有烧开"与"水没有烧开"都是一样的情况吗?请问,是水壶的水没烧开,还是锅炉的水没烧开?是用电烧的,用煤炭烧的,用木材烧的,还是用油烧的?是铁壶、钢壶、铜壶、铝壶还是砂壶烧的?是在平原还是在高原烧的?是冬天烧的,还是夏天烧的?……这些情况都是有差异的,只有把这些具体的情况,与呈现出来的问题结合起来,从整体关系的角度考虑问题,才能把握问题的本质,才能有针对性地解决问题,这就是"辨证论治"。

针对她的失眠问题,既要考虑"失眠"这一现象的一般性,也要考虑焦虑情绪的特殊性。所以,在方法的运用上除了前一案例所使用的"睡眠技巧"之外,采取了针对她焦虑问题的特殊性方法。她的焦虑主要有两个来源:一是对睡不着觉的担忧;二是来源于成长过程中形成的不安全感。担忧引起睡不着觉,睡不着觉也会引起担忧。

她的不安全感和担忧,归根结底可以用一个字来概括,那就是"怕"。怕失去尊严和尊重,怕得到羞辱或屈辱;怕失去权、利、财、物;怕遭遇失败或者失望。但人最大的怕,莫过于死亡。怕死,是人的本能,是正常的心理现象。人来到这个世界最主要的任务就是生存,我们每天的劳作和生活都是为了生存。对于各种危险的害怕和躲避是维持生存的需要,是正常人的基本反应。但是,由于过度担心,而产生失常的反应就是问题了。

要从根本上解决人的"怕"的问题,必须先从解决生死问题入手。所以对她进行了关于死亡的设想训练。

"你知道,人来到这个世界,必然也是要离开的。有人说我们是在自己的哭声中来到这个世界,在别人的哭声中离开这个世界的。也有人说,人之所以在降生之后就哇哇大哭,是不愿意来到这个世界,来到这个世界是来受苦遭罪的,是因为不情愿而痛哭。可是,在这个尘世间生活了一段时间,人们又怕离开这个世界,即怕死去,这有些奇怪。无论我们愿不愿意来到这个世界,愿不愿意离开这个世界,这些都不是受我们控制的。生命自有其自身的规律,我们尊重规律就行了。在规律面前,我们不做无谓的挣扎。为了尊重规律,现在我们就做一个训练。"咨询师说。

"你坐在沙发上,自然放松,入静。好,试着设想,如果你还有一天的生存时间,你将做些什么?"

"这个时间也太短了,那我只能对宝宝更好一些。"她说话的神情和状态,并没有因马上面临死亡而紧张,反而平和了许多。

"如果你现在就闭上了眼睛,马上要离开这个世界,你还想做什么?"

"我什么也做不了了。"她快速地回答。

"你还焦虑吗?"

"我不焦虑,什么都不用管了。"她轻松地说,脸色也好看点了。

"你试着以这种体验去想,你最担心的睡不着觉,是因为睡不着觉会让你疲惫、焦虑,会让你担心失去健康,以及与健康相关的一切,如果,你闭上眼睛之后就走了,你还担心吗?这时你可能会领悟,一切担心都无助于解决问题,也不能帮助你不闭上眼睛,不离开这个世界。你也会明白在大自然面前,弱小的人类只能顺应规律和法则,有些时候,我们必须面对和承受。当我们敢于面对和承受的时候,反而担心就消失了,心态也平和了。因为,你有了敢于面对离开这个世界的心理准备,就是做好了放下一切的准备。心态平和的程度,取决于放下的程度,越是完全放下,心态就越平和。"

"是的,我睡不着觉就想,如果总是这样,我的身体是否就完了。老公可能会另找新人,孩子怎么办?妈妈怎么生活?……有太多的念头涌现出来,就更睡不着了。"她带着不自然的表情在说。

"如果有一道数学题,你想尽办法就是做不出来,但是你还是不停地努力、折腾,搞得自己身心疲惫,痛苦不堪,还是做不出来。你怎么办?"

"我可以询问别人帮忙来解决,也可以把题放在一边,干脆不做了。"她的回答有些犹豫,好像不敢相信这种考虑是否正确。

"那你选择了哪种方式?"

"犹豫。"

"为了避免焦虑的痛苦,选择不做这个题了,需要承担放弃这道题带来的后果,如分数降低,考不上什么……如果能够接受放弃所带来的最坏的结果,这种放弃反而容易让我们的心里变得轻松,也许会有灵感出现,反而找到了此题的正解。所以,放弃不等于无所得,努力争取,也不一定能挣得到。正可谓,放下不等于真放下,紧握不等于握得住,这是辩证的思考。从这个角度看,我们做好了最坏的打算,不就是失去健康和生命吗?在不可抗拒的规律和法则面前,我们只能选择接受。接受反而平和,不接受,进行无谓的抗争、折腾,反而会痛苦而焦虑。接受失去健康和生命不等于一定失去,因为接受了这一最坏的打算,有了心理准备,心态反而会平和下来,焦虑消失了,睡眠改善了,问题也就解决了,身心可能更健康了。遇到事情做最坏的打算,最坏也不过是失去生命,连生命的失去,我们也不惧怕,还有什么能够令我们担心和惧怕的呢?另外,从概率的角度考虑,现在中国人的人均寿命是78岁,再加上随着科技的发展、医疗水平的提高,一般的疾病都是可以医治的,我们还有什么可担心的呢?回去之后要修炼理解,做到内心深处不再惧怕死亡,不再胡思乱想,你焦虑的心和睡眠都会得到改善的。"

第二天,咨询师微信收到这样一段文字:"老师,我也不知道昨晚睡得怎样,念着念着就睡着了,然后醒了就在想你说的话,一直迷迷糊糊的。"

咨询师回信告诉她,只要比过去有了一点点进步,都算有效果。不要着急,改善是一个持续的过程。另外也告诉她,不要总"念着、念着",只要给自己一个意念就行,不用太刻意。信息反映出,她还没有完全理解睡眠技术的要领,需要再提醒她一下。

这是第五天的反馈:"老师,我今天一直在想怎么和你说,心情平静了很多,前几天脑子一直控制不住想,这两天好了很多,对工作和家庭都更投入了,但是身上没劲,睡不着的时候还是有点烦躁、紧张,集中在闭目养神上有困难。"

从反馈上来看,改善的进程还是不错的。她说"集中在闭目养神上有困难",很可能是没有理解睡眠技术的要领。闭目养神不需要太努力,有闭目就养神的意念,顺其自然就好。困难的是很难顺其自然,因为已经习惯于以往睡不着觉那种瞎折腾,形成了不正确的应对失眠的反应模式——焦虑与折腾型定式。

后来又通过语音指导,使克服失眠的技术运用得更加合理,失眠的状况逐步得到改善。

在这之后大约两个月的时间,她发来信息,说这几天焦虑又出来了,睡眠也不好。询问情况得知,最近单位体检,查出自己有心肌缺血,心里就紧张起来,要求前来面询。

"老师,我又不好了,体检结果出来显示心脏缺血,又睡不好了,整晚睡不着,到凌晨才眯会,有三四天了。"

这次咨询,在上次运用的睡眠技术之外,咨询师又告知她另外一种方法。这种方法是,睡不着觉时,心想我今天晚上干脆就不睡了,躺在床上,眼睛睁开向头的上部45度角的方向凝视,大约1分钟左右,眼皮就会疲劳,眼睛会自然闭上,你不想睡,反而睡着了。

同时,把上次谈得比较多的看淡生死,放下一切的内容又进行了一次探讨,以便她进一步领悟。此外,又增加了一项"活在当下"的训练指导。

"你听说过活在当下的说法吧?"

"听说过,但是很难做到。"她带着畏难的表情回答。

"是的,我们很难做到活在当下。我们常常活在对以往的回忆之中,或者活在对未来的幻想之中。特别是负性情绪较多的人,经常回忆过去曾经发生过的一系列的令他恐惧、悲痛、屈辱、忧伤、愤怒、憎恨等各种负性事件和负性情绪,对未来的设想也大多是不可能、失败、做不到等负面的想法,随之而产生的情绪就是担忧、害怕,甚至悲观和恐惧。其实,真实的当下并不会引起那么多的负性情绪,我们的负性情绪往往来源于负面的设想。你在体检之前是不是还不错?"

"是的,我感觉我的状况都好多了,睡眠也不错了。"

"那如果没有体检,你今天就不用来咨询了?"

"是的。"

"那你的情绪是'心肌缺血'引起的,还是你关于'心肌缺血'的想法引起的?"

"是想法引起的。"她咧着嘴,笑着回答。

"如果咨询师和你说,不要去想它,那就是废话,因为你很难做到不去想它。我们能做到的是,想这件事的时候不往负面想,或者想得并不那么严重。那就要了解'心肌缺血'究竟是怎样一种病症,它的严重程度、形成原因、治疗办法。如果把这些内容都搞清楚了,我们的担心就会小很多,甚至完全消失。为此,建议你再做一次复查,也许是体检做得不准确,或者是你过度紧张造成的,是一时性的。如果是,就要听从医生的意见进行合理的治疗,应该不会有大碍的。从心理学的角度看,很多疾病都是心因性的,你的问题也很可能与你的紧张焦虑有关,如果紧张焦虑缓解了,'心肌缺血'的症状也很可能就消失了。所以,无论如何,我们要先把焦虑的情绪降下来。关于生死的问题,我们谈得比较多了,你也有了一定程度的领悟。现在我们来掌握如何活在当下的方法。"

"好的,老师。"

"你拿起水杯,喝一口水。"咨询师说。

她拿起水杯,呡了一口,看着老师,等待老师的指导。

"好,当你端起水杯,感觉到了水杯在你手里,水杯的软硬度、冷热、轻重,嘴接触到水杯的感觉,水的温度、滋味,喝了多少,下咽的感觉等,当这些信息都很清晰的时候,说明你就活在喝水时的当下。如果你无意识地拿起水杯,想起了过去的一段辛酸往事,喝进肚子里的水都没有觉察,这就不是活在当下,是活在过去的思绪当中。"

"嗯,我常常走神,胡思乱想。"

"你现在坐在沙发上,身体靠在沙发背上,觉得舒服就可以。现在开始做深呼吸,关注你的呼吸。注意你的一呼一吸,不用特别用力,也不用特别的关注,只是把意识放在呼吸上就行,轻松自然。如果你能够做到,就是活在当下。如果你没有关注呼吸,意识滑向了别处,也就是没有活在当下,又活在了你的思绪或者念头当中了。"

"嗯,老师,我刚做一次,就像睡了一会的感觉,浑浊的大脑好像清澈了一些,有一种轻松之感。"她略带笑容地反馈自己的感受。

"这种训练,不仅坐在沙发上可以练习,只要有机会都可以练习。你平时走路时也可以练习。除了练习关注呼吸,也可以做关注感觉的练习。比如,你走在路上,可以看见路边的草木、汽车、行人、空中的云彩,听到各种声音,感觉到空气的清新,天气的冷暖,风的吹拂,等等。只要感觉到了,你就觉察它,不做分析思考,不去推理判断,不浮想联翩,只产生感觉,引起意识的觉察就行,活在感觉的当下。如果减少思考,你可能会有回归自然的感觉,一切都是那么的轻松,内心会产生愉悦之感。回去之后每天都可以练习,随时随地都可以练习。"

"好的,老师,我回去之后会进一步调整自己。"她讲话时,信心并不是很足。

心理状态的改善不是一蹴而就的,中间存在反复也是必然的。这次调整之后,她会产生什么样的效果,咨询师心里也没底,因为不可控的因素太多了。

过了两天,她发来了一条消息:"早上好,老师。今早醒来,突然茅塞顿开了许多,许多。"

知道她在向好的方向发展,就是最大的喜讯。相信她自我恢复的信心也会不断增强,生活终将恢复正常。

两个失眠的案例,分别使用了不同的方法,是因为他们两人之间在人格状态、形成原因等方面具有明显的差异,所以,采用了针对个人不同特点的咨询方法,以取得最佳效果。如果,只是考虑失眠而不考虑差异,就很难对症,也很难有好的咨询效果。

心理失眠大多都是由于内心的焦虑、矛盾纠结造成的,所以化解矛盾,解开心结,缓解焦虑,疏导情绪,是解决失眠的最佳药方。

第二章　失落的班长

祸兮福所倚，福兮祸所伏。

人的一生总是会遇到很多的不如意，它经常困扰着我们。

在一个风和日丽的下午，一位大一的学生主动前来咨询。他身材匀称，体态端庄，托着一张偏圆形的脸，稍带紧张地敲门后，走进了咨询室。

他的面色白净，眼睛明亮，行动自然，说话声音正常，语言表达清楚、流畅。其自然的举止，平和而稳定的目光中稍有些不如意，从外观上看，没有发现明显的心理问题。

询问中了解到：他最近一段时间，情绪非常低落，总感觉到同学们在议论他。尤其是晚上，入睡困难，时常做噩梦，有时会在梦中惊醒。睡不着的时候，会听到自己养的两只小鼠在咔哧咔哧地啃笼子，越睡不着，越是懊恼。最近食欲也不好，不太想吃东西。原来吃什么都香，现在吃什么都感觉像是完成任务而已。缺少了往日的激情，以往什么都愿意参与，现在活动也减少了，躲在房间里常常一个人发呆。有时候还情不自禁地流眼泪，但又很怕别人看到。身体有一种无力感，什么事都懒得做，看书注意力不集中，总是有一些念头出来干扰，心静不下来，所以，这段时间感觉很苦恼。

这次来咨询，就是想求得老师的帮助，摆脱这种苦恼。

进一步了解得知：最近发生了三件对他有较大影响的事。

一是撤职。他是班级的班长，在以往的工作中他和团支书有些矛盾，团支书经常当面指出，或是向老师反映他的问题，所以他对团支书比较反感，就在前一段时间，他的班长职务被撤下来了，而团支书却当了班长。他的情

第二章 失落的班长

绪从此一落千丈,像丢失了灵魂似的,无精打采,常把自己一个人关在寝室里,不去上课。

二是失恋。与女朋友分手了,雪上加霜。关于他与女朋友的状况,因他不愿意多谈此事,也就不便多问。从情绪反应上看,分手这件事没有班长被撤掉这件事的影响大。因为,他经常谈及的是当班长过程中发生的一些事情。

三是被指责。有一次参加学校的座谈会,发言时他就直接讲了一些个人看法。会后几个学长围过来,当面指责他说:你发言也不注意讲话的内容和场合,什么话都往外冒,以后不能这样,太愣头青了……被学长的教训也让他感到很有压力,心情沮丧。

这三件事叠加在一起,对他来说就像三枚炸弹同时炸在他身上,简直是五雷轰顶,人一下子就瘫软了,像个泄了气的皮球,失去了原有的活力。

访谈中,了解了一下他的主要成长经历。

他从小是在外婆家长大的,父母常年在外打工。后来母亲回来了,与母亲生活在一起,父亲依然在外打工。家里有两个孩子,他是哥哥,还有一个妹妹。小时候父母经常吵架,甚至要闹离婚。现在他们也还吵架,但比以往少多了。他现在感觉和父母的关系一般,交流不多,感情比较淡。他与妹妹的关系也很一般,不太亲密。他说,以前自己发脾气打过妹妹,妹妹很怕他,不愿意和他讲话。

在中小学期间,他经常被老师批评、惩罚,还有同学欺负他,就像那种校园霸凌,高年级同学欺负低年级同学。

自己喜欢学习,对数学比较感兴趣。喜欢与朋友交往,但是朋友不多。要好的也就一两个,进入大学已经快一年了,还没有一个好朋友,都是一般的同学关系。对旅游、球类运动等都有一定的兴趣,兴趣爱好也不算少。但是,他更喜欢一个人待在家里或者寝室。

他大学的专业是自己选的,内心也比较认可。专业学习没有遇到什么困难,还算顺利。问他今后有什么想法,他笑着说,还没有想好。

根据他反映的问题,结合其成长经历,形成如下一些看法:

他目前处于严重的情绪抑郁和焦虑状态。这种状态是短期爆发性的,还没有转化成长期的抑郁焦虑状态。这从他的外在精神状态、脸色、面部表情、目光,行动的速度与灵活性,说话的声音与流畅度,急切想摆脱目前状况的意愿,关注自己的成长等,都说明他的内在能量还不少,特别是谈话时的平和冷静,不时还会流露出满意的笑容,更能体现出他的情绪还没有达到最恶劣的程度。

在他的成长过程中,留守儿童的经历、父母吵架的影响、校园霸凌的经历等,都给他留下了阴影。我们欣喜地看到,即使有这些不利的因素,他还能够通过顽强拼搏,努力进取,考上大学。入学后也有很强的上进心。比如,他当班长时工作很认真,很想把工作做得更好,个人投入的精力也很多。如果没有遇到这几个事件的叠加打击,导致糟糕的状态,他的心理状况还是不错的。这样的分析可以使我们从关注他所描述的症状以及感受到的痛苦情境中移开,仔细寻找和收集值得珍惜的,可以作为我们解决问题所依托的正能量。

基于前面的了解和分析,咨询师开始以谈话的方式解决其问题了。

谈话首先从班长被撤下这件事开始,这是他最大的心结。

"从你介绍的情况来看,班长被撤下这件事对你影响很大。睡不安寝,食不知味,学习没劲,情绪低落,情愿一个人关在寝室里,独自感伤。你的心情和状态我完全可以理解。谁处在你的位置,遇到这样的情况情绪都会低落,甚至许多人的表现可能还不如你。几乎所有的人遇到这种情况都会有消极情绪冒出来,除非这个人非常不想当这个班长。你的伤心之处我可以理解,你做班长是很认真的,踏踏实实付出了很多努力,尽心竭力想要把工作做好,在工作中也没有犯错误,怎么就把自己给撤下了呢?"咨询师以理解和同情的语气说。

他在仔细听,从表情上看,还是比较认同的。

"你为什么要当班长呢?"咨询师接着问他。

"想多做一些事情,更好地表现自己,也是锻炼自己的一个机会。"他说。

"你过去,也就是在中小学的时候当过班干部吗?"

"高中时当过,不过那时没什么事。"

"你当班长的过程中,同学们对你有什么意见?"

"同学们说,怕我;还有的同学说,自己做事不和班委会同学商量,不征求他们的意见;有的班级干部说,不给他们分配任务,有事就我自己独自去干。"

"你怎么看他们的意见?"

第二章　失落的班长

"同学们说怕我,我有些搞不懂,我也不凶啊。确实有些事情我自己一个人就默默地把它做完了,平时真的很辛苦。"

"你知道是什么原因把你撤下的吗?"

"我也搞不清楚,据说团支书去辅导员那里反映了我的问题,我们之间有矛盾。"

"辅导员怎么和你说的呢?"

"辅导员说,同学们意见比较大,让我接受现实。"

"那好,现在我们一起来分析一下。我对你当班长的情况了解不多,只是根据你简单的介绍做个分析,不一定准确。你说同学们怕你,怕你意味着什么?你可能没有仔细想这个问题。仔细想想这个问题,想明白了,今后就能做得更好,这就是反思学习。这种学习甚至比书本学习更重要。同学们怕你,说明同学和你有距离,没有亲近感,也说明你脱离了同学,与同学的关系疏远。你一定熟知鱼水情深这句话吧?你也一定听说过,水能载舟亦能覆舟这句话吧?"

他用表情回答了咨询师的问题。

"从性格上来分析,虽然表面上你和同学都能谈得来,但是你在班级一个好朋友都没有,喜欢一个人独自去做事,有时喜欢一个人待在寝室里,说明你的性格偏于内向,不善于与人交往,有孤僻、自卑的倾向,这和你留守儿童的经历有关,和过去成长环境对你的影响有关。虽然你本意是想把班长工作做好,每件事都尽心竭力去做,投入了大量的时间和精力,但是同学们还是不满意,不是你这个人不好,而是你的性格和做事的方法,同学们不满意。比如说,班干反映做事不征求他们的意见,也不给他们分配任务,仅是对你做事的方法不满意,不是对你这个人的否定。试想一下,你做事的方法和习惯受制于你的性格,是你不习惯协调大家一起来做事,不习惯给别人分配任务,不善于与团队一起合作,这是你孤僻、内向性格的反映,也是你组织能力不足的体现。你肯吃苦,做事踏实,勤勉尽责,这是你的优点,同学们应该都能看得到,也会认可。他们只是对你做事的方法不满意。"

上面的谈话,目的是让他意识到,班长被撤下是有原因的,是同学们的选择,也是自己的性格缺陷和工作方法欠妥的结果。这样,在心理上比较容易接受一些。接受现实,是缓解心理紧张和焦虑的重要措施之一。我们普遍的焦虑,就是不能接受一个自己最不希望的现实。如果理解了这个现实的不可避免性，以及出现的充分理由，心理上就能够给予一定程度的接纳，接纳的程度越深，心态平和程度就会越高。

注意，在指出他的问题的时候，还不能说得太重、太过，同时也要适当指出他的优点，以免造成对他的全盘否定，打击自信心。因为他本身的心态就不是太好，有自卑心理，自尊心比一般人要强。

"班长被撤下来了，换谁都会有不愉快的感觉。但是，我们可不可以继续当班长？"

说到这，他本来就不小的眼睛睁得更大了，满脸狐疑地看着咨询师。

"当你心中的班长！"咨询师笑着说，"在你的心中，你依然把自己当成是班长，按照班长的标准要求自己，积极主动完成各项任务，努力学习进取，争取更好的成绩，班级的事情主动做，积极支持新班长的工作，不能当班长和不当班长判若两人，那样的话，说明自己的思想境界不高，更重要的是你要学习如何当好班长！为什么呢？因为我们来到大学的主要任务就是学习。学习不仅要学习好专业知识，同时也是学习自己感兴趣的其他知识。如果你以一个专业的学费，学习了多个专业，这四年不就赚大了吗？"

他笑了，表情轻松了很多。

"除了书本知识的学习，还要学习相关的实践能力。除了专业能力之外，还要学习人际交往和组织协调能力。因为在大学毕业以后的工作中，很多时候需要团队协作，随着个人的成长，你还要带团队，开始可能带几个人的团队，以后可能要带几十人，甚至是成百上千人的团队，也可能是更大的团队。如果没有组织协调能力，带不好团队，把一个团队搞得四分五裂，不思进取，勾心斗角，怎么能够完成团队的工作任务呢？如果我们毕业二三十年了还不能够带团队，依然被别人带，甚至带你的人还是刚毕业的大学生，这说明了什么？很可能是我们不能够胜任自己的本职工作！"

"嗯，以前没有想这么多。"他说。

"为了将来更好地适应社会的需要，我们可以在学好专业知识以及其他感兴趣的知识的同时，锻炼自己的能力，尤其是人际交往和组织协调能力。以此为目标，你就知道为什么要当班长了。"

"以前当班长，就想多做点事，没意识到是锻炼能力。"他平和地说。

"当心中的班长与实际当班长不同。当班长有很多事情需要实实在在地去做，有真实的实践机会。当心中的班长的主要任务是观察学习，是学习当班长。心理学家班杜拉提出的观察学习理论很有指导意义,就是可以向身边的榜样学习,学习班长或者其他干部同学的管理长处,学习如何避免短处,尤其是发现和学习身边每一个同学身上的优点。如果把别人的优点都汇集到你身上,你可就了不得了。"

此时,咨询师笑了,他也笑了。

"中国有一句老话,叫作'先做人,后做事'。一说做人,我们很容易想到人的道德层面,其实,良好的心理素质也是做人的重要内容。修炼自己心态平稳、理智,避免脾气暴躁、偏执、冲动、武断、孤僻、自卑等,也是我们的重要功课。"

"听说过,性格决定命运。"他表示认可。

"良好的人格对人的成功和发展是有积极促进作用的,不良的人格就会起阻碍作用。所以,在大学的四年时间里,不仅要学好专业,也要塑造自己的良好人格。"

"嗯。"他在仔细听。

"当好心中的班长,学习和收获人际交往和组织协调能力,为未来的人生成长和发展打好基础。如果你以这样的格局来衡量班长被撤下这件事,就不会患得患失了,一时的失意很快就会过去,重新焕发的是新的思路和格局,是一股更强的成长动力,使自己不会因此而颓废,反而更加坚强。就像孙悟空被投进八卦炉里,不仅没有被烧死,反而练就了刀枪不入和火眼金睛。如果你以20年以后的视角看待现在这件事,以锻炼和成长自己的视角看待这件事,这件事还算是大事吗?"

他的脸色越来越好看,笑容也挂出来了。

谈话的另外一个方向就是激发他的人生梦想和生活兴趣。在谈话中了解到,他对于将来的打算,到哪里去工作,喜欢做什么工作等,都没有明确的想法。问他为什么学习这个专业,他说,就是喜欢,没有对将来如何工作的思考。

确实有不少大学生,不知道自己为什么考大学,也没有预想将来毕业之后要做什么。

有的学生说,中小学的时候老师就是让我们学好文化课,将来好考个好高中,然后再考上大学,考上大学就轻松了,就不用这样紧张了。所以,有的学生到大学之后轻松得连课都不上,大部分时间都用在打游戏上了。

对于人的成长来说,立志是非常重要的。胸无志向,人将不知道为什么学习,也不知道生活的意义,成长动力就不足,学习和生活都会懈怠。中国古代有很多立志的人物故事,诸葛亮在给儿子的信《诫子书》中说"非学无以广才,非志无以成学";王阳明也说过:对于学习来说,立志是最重要的。宋代思想家张载的立志是"为天地立心,为生民立命,为往圣继绝学,为万世开太平"。张载是宋代的大儒,王阳明是明代的大儒。这两个大儒无论在什么情况下都孜孜不倦地学习,利用一切机会传播他们的思想,使后人从中受益。仔细想来,他们逝去的仅仅是他们的躯体,但他们的思想和精神依然常在,并不断给千千万万的后人指点迷津,增添动力,历久弥新。

人各有志,对于学生来说,有一个基本的生活目标,比如能够掌握知识和技能,能够就业和服务社会,孝敬父母,有益于社会,也就可以了。可是有的学生连这些最基本的目标都没有,就需要引导其树立基本的人生观。有的人有一定的志向,但是,还很不清晰和稳定,需要进一步强化其志向,激发其实现志向的内在动力。因为内在动力是解决心理问题最重要的资源,一旦得以激发,自我解决问题的能力就增强了,很多问题就比较容易化解。

"现在让你设想一下,将来要在哪里工作?是选择城市,还是农村?"

"还没有想过。"

"那你想做什么工作呢?"

"也没有具体想过。"

"那好,我们就把你将来在哪里,做什么工作,作为作业留给你,一周之后再汇报,好吗?"

"好的,老师。"

"要知道这个作业对你来说很重要,当你能够明确回答这个问题的时候,你就知道为什么学习了,学习的劲头和效率都会提高。如果你想到将来要更好地报答父母的养育之恩,滋生出孝敬父母的善良之心;想到像个真正的哥哥那样照顾好自己的妹妹,给她树立一个完美哥哥的形象,鼓励她努力学习;想到若干年之后同学聚会的时候,你通过自己的努力实现了自己的价值和目标,或者在你所从事的领域做出了重要的成绩,得到了国家和社会的认可,你的志向就迈上了一个更高的层级,它可以化作现实成长的推动力,让你的学习和生活充满力量,增强你的意志品质,提高你克服困难的勇气和毅力,有利于你化解当前的困难。"咨询师在引导他激发志向。

第二章 失落的班长

虽然他关于未来的规划和想法不会立刻成型,但他在内心中可能已经有了一个大致的勾画,有了化解当前困扰的希望。

咨询师从他站起来后主动而有力地握着的手上,以及他那感激和坚定的目光中,感受到了豁然醒悟所表现出来的信心和力量。

从这个咨询案例中,我们能够领悟到什么呢?

当然,每个人由于个体差异的原因,理解都是不同的。但是稍微有一点儿中国传统文化知识的人都能理解"祸兮福所倚,福兮祸所伏"的道理,即阴中有阳,阳中有阴。很多中国人的骨子里都深刻地浸透着这种文化的基因,遇到事情的时候,习惯于辩证思考,所以才有"胜不骄,败不馁""失败乃成功之母"的说法。这种辩证的认知方式,可以使我们在逆境中看到转机,在绝望中看到希望,化不利为有利,克服各种困难,实现阴阳的转化,达到心理平衡,使个体这台车,得以继续前行,而不至于倾覆。所以,很多人的内心矛盾都是自我化解的,因为我们本身就具有这种自我调节的能力。

这个案例所使用的方法看似是认知法,实则是阴阳平衡法。主要是通过认知的调整,激发其梦想,滋长阳性力量,化解其成长中所累积的消极情绪,以及近期一些事件带来的消极情绪,促使心境由消极向积极的方向转化,实现心理的再平衡,问题就得到了解决。

有人会想,这不就是平时的思想教育工作吗?

是的,辅导员平时解决的思想问题,不就是心理问题吗?只是心理咨询把心理问题和方法阐述得更加系统而已。方法并没有严格的界限,能解决问题就是好方法。

哦,原来解决问题的方式方法就蕴藏在我们的工作和生活之中,绝不会在生活之外有一个什么超然的东西,类似灵丹妙药,一下子就把问题搞好了。

心理咨询的方法就是一种符合解决问题的心智策略,以及具体操作技术的综合运用,只要运用得当,效果就会自然显现出来,关键是方法要有针对性。

第三章 心灵的转化

认知决定情感,情感影响行为。

抑郁情绪谁都体验过,那是一种愁苦的状态。如果一个人在几十年中经常处于这种状态,那该是怎样的一种煎熬?

这里向大家介绍一位持续多年的重度抑郁症患者。

一眼望去,她身材匀称,四十岁左右,气色不错,见面能主动打招呼,相互握手,面带笑容,体态自然。

她说是因为昨天听过咨询师的课,觉得咨询师讲的内容很适合她,就主动请丈夫约咨询师为她做一次心理咨询。

咨询开始了。咨询师先请她介绍一下自己遇到的困扰以及成长经历。这时她的神情与最初见面时看到的状况差别很大,好像完全变成了另外一个人。她坐在那里抚头托脸,持续了几分钟也没有讲话。咨询师没有催促她,继续观察她的状态。她带着苦恼、焦虑、犹豫的表情说:"真不知道怎么说。"咨询师也有些疑惑,为何一位教师,而且是多次被评为优秀教师的教师,讲话变得如此困难了?因为在到来之前她丈夫已经介绍过,她是教师,而且多次被评为优秀教师。经过一番启发,终于开始说话了。

她说自己害怕见人,不敢与人交往,丈夫的一些活动要带她一起参加,她一般都予以回绝,很少参加社交活动。工作之余没有什么兴趣和爱好。自己对待工作非常认真,过去也取得过很多荣誉。可是现在什么都不想做,感觉什么都没意思。她一边说话一边流眼泪,说有时候会有绝望的念头,多

第三章 心灵的转化

年来这种绝望的念头一直都没有断过,偶尔就会出现。到医院治疗过几次,被医生诊断为抑郁症。

询问中得知她的成长环境不是很好,家里原来生活在农村,生活条件很艰苦。父母养育了四个孩子,由于孩子多不好照顾,就把她送到爷爷和奶奶家生活过一段时间。母亲的性格强势,脾气暴躁,孩子们经常被责骂、体罚。父亲弱势,在家很少能听到父亲的声音。自己与父亲沟通很少,以至于没有与父亲交流的记忆。

后来她想起一件事,她父亲病重时,她去医院看望却被父亲狠狠地骂了一顿,让她赶紧回家。她在谈及这件事时泪水喷涌而出,几乎覆盖了整个脸面。在她述说的这段时间泪水一直不断,她不停地用纸巾擦拭着。从她的情绪反应来看,这件事可能是最令她伤心的了。

她哭诉说:"我那时还只是一个 10 岁的弱小女孩,父亲怎么能那样无情地、狠狠地骂我呢?我是来看他的啊,也没有什么地方招惹到父亲,让他如此暴怒啊,他就这样嫌弃、厌恶我吗?当时,内心的痛苦、无助,化作泪水不停地流淌,回到家之后,依然伤心不已。以后经常想到这件事,内心恨父亲不该那样对待我,也会感到自己的无能,连父亲都看不起我。"

她说她的交往范围很窄,不愿意接触其他人,与亲属的联系也不多。丈夫就是她唯一的亲人了,可丈夫也很强势,在家说话不多,讲话经常就三言两语,简单干脆,但态度并不坏,对妻子也很体贴。在家里妻子感觉有些孤单,因为丈夫在工作上太投入了,与自己交流很少。他们有个 9 岁的女儿,但感觉自己对孩子的感情也比较淡,不是那么深。她说小时候自己对亲人和朋友都没有太深的感情。所以她的朋友很少。目前仅有两个朋友,但是友情也不是很深。

她觉得自己的意志力很差,做事恒心不足,悲观、没有自信,担心自己走不出来。她讲到自己曾经去医院看过,医生说她是抑郁症,双方交流了一会儿后觉得心情不错,然后和医生说:"我是否很快就能好了?"医生说哪有那么快,以后你还要经常来找我的。听到这话她自己就泄气了。

在谈话中观察到一个现象,她的情绪变化是很快的,虽然大部分时间她的脸上愁云密布,可是偶尔在接打电话时脸上很快就能露出笑容。这与咨询师看到的绝大多数抑郁症来访者的情绪表现不同,说明她的内在能量仍然很强,否则是很难出现这种快速转化的。

后又了解到她的睡眠一直不好,经常吃安眠药,有时还头疼,食欲也不太好。

从以上了解到的信息来看,她的问题应该属于严重的心理问题,并且有医院的"抑郁症"诊断。在这里没有直接称呼病名,而用"严重心理问题"来称谓,是因为我们是以心理咨询的视角来看的,并没有严格按照心理疾病的诊断标准来称呼病名,而是以咨询师的角度,把所有的心理困扰都看成问题,当然也包括心理疾病。

接下来咨询师对她的情况做了简要分析。

她是有诊断的"抑郁症",已经被贴上了"抑郁症"的标签。如果我们依据"抑郁症"进行对症治疗,开点舍曲林等药物不就可以了吗?实际上没那么简单,解决心理问题光靠药物是远远不够的。心理问题的形成主要还是心因性的,所以说"心病还须心药医"。使用"心药",还需分析具有这个"病症"的人的特点,如她的人格倾向、所处的关系状态、成长经历等。

就这位来访者的状况来说,长期的情绪低落已经有几十年了。这几十年的情绪困扰,并没有使她的情绪越来越低落,从而造成身心的严重损伤,使其丧失社会功能或者选择逃离这个世界。她不仅考上了大学,还顺利完成学业并当上了人民教师,还多次被评选为优秀教师,说明她的内在的成长动力或者说生命的活力依然具有一定的能量。

除此之外还有一些现象可以佐证她的能量还不少,比如她讲话的声音不小,不像其他抑郁症患者讲话有气无力的,甚至有的患者在讲话时嘴都张不开,只是张开一点点。她讲话的声音与正常人无异,开始讲话时略显犹豫,吞吞吐吐,可一旦开始之后便滔滔不绝,能够显示出教师的语言优势。不仅讲话声音大,走路也很正常,不像其他重度抑郁症患者那样步伐迟疑、缓慢。

她的眼神和面容也是比较正常的,甚至在第一眼见到她时很难相信她有抑郁症。眼神虽然没有那种激奋的明亮,可也没有抑郁症患者的那种暗淡和呆滞。她与人打招呼也很正常,比较大方,没有表现出明显的忸怩和怯懦,握手也比较自然有力。

从以上种种表现来看,她是一个依然具有不少正能量的"抑郁症"。具体说有多少确实很难量化,因为这是一种精神能量,不能具化为实体,以目前的科学技术手段是无法测量的。

很多有经验的咨询师都是依靠自身经验来评估来访者的,即使来访者拿着诊断书,咨询师也需要凭自己的经验获得来访者的第一手资料,并依此作出自己的独立判断,然后才能"辨症论治"。

说她仍然具有一定的能量并且是五五开,是因为虽然她也有自杀倾向,但是几十年来并没有真正实施,只是偶尔有消极念头产生,说明她的正能量还是比较足的,没有被负能量所打败。负能量虽然没有在生与死的较量中战胜正能量,但它也没消失,它一直存在并折磨着正能量,双方相互缠斗了几十年,互有胜负。她也正是在这两种能量的角斗中痛苦地煎熬了几十年。

尚存较多能量的抑郁症,还是比较容易辅导的。稍微得到一些帮助正能量与负能量的比例就会发生优势变化,人的整体精神状况也会得到明显的改善,绝望的念头也会被压制。

她的主要问题是:从小被寄养在爷爷奶奶家,离开了父母,与父母的亲密关系没有很好地建立起来,缺少来源于父母的挚爱亲情,情感上缺爱再加上几个孩子中只有她离开了家,有一种被抛弃的感觉,容易产生自卑心理以及对父母的怨恨。由于缺少关爱,正能量不足,怨恨和自卑的负能量就相对占据了优势,人的心境被这些负性情绪所左右自然会陷入低落。尤其是父亲离世前对她的责骂,对于这样一个心理比较脆弱女孩来说构成了心理创伤性的打击。解决这个创伤对她的影响,可能是对其进行辅导的关键所在。这是咨询师的分析与看法。

针对她的心理问题及形成原因,咨询师采取了如下一些解决问题的方法。

首先,运用认知法,转化其负性情绪来源的关键认知点。

她最大的心结是到医院看望父亲时被狠狠责骂这件事。她的内心非常委屈,从而心生怨恨,形成了情感上的压抑,多年来一直被这种情绪困扰着。由于时过境迁,不能再和父亲一起解决这件事,只能转化其对"被父亲责骂"这件事的认知,来化解她心中对父亲的愤恨和自己的委屈。

那么如何转化?转化的抓手又在哪里?

如果按照常人所运用的方法,就是劝慰其不要那样想,你父亲是爱你的,哪有父亲不爱女儿的?他那样吼你,可能是因为怕耽误你学习,或者是怕医院的患者多影响你的健康。这样的安慰和解释,她自己可能也想过,但是她不一定会相信这个解释。因为她从小被寄养在爷爷奶奶家,对于父亲对她的爱是怀疑的,甚至认为父母不爱她才把她送了出去。所以父亲的责怪印证了父亲不爱她的观念,导致她更加伤心也更加怨恨父亲。所以她不断地向自己发出心灵的拷问:"我就那样差吗?我一个弱弱的女孩,就这样不被父亲待见,他就这样厌恶我吗?"这些疑问多年来一直萦绕心间纠结,是她挥之不去的心理阴影,犹如本就不太晴朗的天空又被遮上了一大块乌云。

转化对"被父亲责骂"的认知,以及由此产生的怨恨父亲的情绪,应该是消除其心理阴影的最佳策略。

"你确信你的父亲不爱你吗?"咨询师问她。

"我也不能够确信,父亲平时虽然话语不多,但是对孩子们都是疼爱的,所以我也有疑惑。只是自己会觉得是父亲不爱我,不然为什么要对我那么凶。"她说。

"那你有没有想过,父亲的大声吼叫和责骂,也可能是一种爱的表达呢?"

"从来没有往那方面去想。"她说。

"噢,如果从中国传统文化的角度来分析,那很可能是一种爱女儿的表现。"

她抬起头面带疑问地看着咨询师,期待咨询师把话讲完。

"你知道中国文化中有一种习俗叫'断念想'吗?就是有的老人在离世之前,以发脾气或是吵架的方式,让人们生气或厌烦他,以便去世之后减少对他的思念,避免由于思念过度而造成的身心伤害,他们会以这种方式保护自己的亲人。"

讲到这里,她的双眼愣愣地看着咨询师,似乎产生了更大的疑惑。过了一会儿,两眼的泪水喷涌而出,用'喷涌'来描述她的泪水再形象不过了。

这些泪水也深深地打动着咨询师,咨询师感受到她的泪水里有一直怨恨父亲的携带愤怒的泪,有承受多年委屈的那个小女孩儿满是酸楚的泪,也有身为一名人民教师、妻子和母亲的四十多岁的中年女性那种对父亲的理解和释怀的泪。

"几十年了,我一直怨恨父亲,以为他不爱我。今天才知道父亲是爱我的,他以独特的方式在最后的时刻还深深地爱着我,保护我。我真是错怪了父亲了,这么多年一直在怨恨他。"她哭诉着说。

瞬时泪水又喷涌而出。这时候流的泪可能是伤心的泪,更可能是后悔的泪。从其语言的表达和情绪的表现看,她对父亲的"责骂"已经开始做正向解读了,认知有了转化后对父亲的负性情绪也会消散很多,对恢复心理平衡也会起到非常重要的积极作用。

其次,了解自身问题的成因和性质,做到知己知彼,百战不殆,树立解决问题的自信心。接下来与她一起分析问题的来源。

你的问题是由于长时间累积的负性情绪所造成的。如离开家与爷爷奶奶一起生活,产生了与父母的疏离感和自身的孤独感,感觉缺失了来源于父母的爱,犹如庄稼地里的一颗小苗缺少了阳光和水分。缺少阳光和水分就是你当时的内心感受,从而培养出"是不是父母不爱我把我抛弃了?"等一系列的消极思考方式,进而产生负面情绪,包括怨恨、孤独感、自卑等,长此以往也就缺失了对父母的亲情,缺失了人最重要的正能量——爱。所以你和亲属、丈夫、孩子、朋友、同事等相处的时候,情感都比较淡,就像色调一样,也有颜色,但是饱和度不够。因为她是老师,这样的表述她完全能够理解。

由于正能量不足,负能量就容易占得优势,两种能量相互缠斗了几十年,你也就被折腾了几十年。你的正能量虽然不足,但是也不是太弱,否则你早就溃不成军了。你的正能量更多是来源于内心的善良和柔软,比如你不会主动攻击别人,不会以暴力的方式发泄心中的怨恨和不满,你总是以忍让、躲避、压抑冲动等方式管控自己,这是善良的表现,是不忍心伤害别人。

还有你的聪明和智慧,也使你在情绪低落的时候正能量不至于消耗殆尽。这是因为你学习成绩一直很好,也很努力,并且能考上大学,并且有了一份不错的工作。你学习好一方面是因为你的聪明好学,另一方面也说明你所处的学习环境很好,如遇到的老师以及和同学的关系都很好。正是这样良好的学习环境和你学习成绩的不断进步,使你源源不断地获得新的正能量,一定程度上弥补了原有能量的不足。这就如同雷锋,从小父母就去世了,他成了孤儿。他从父母那里得到的爱很少,但是共产党养育了他,长大以后又参加了工作。他从心底里产生了对党和人民的热爱,他为人民服务的宗旨是最好的证明。

你在学习和生活中也一定获得过很多来自所处环境的关爱和温暖,更重要的是你在学习上的进步使你在学习中获得了更多的快乐和成就感,正能量也就不断增多。虽然你的负能量始终都在,但当正能量相对增强的时候,负能量就处于弱势,你的心情就会明媚很多,内心也会出现美滋滋的快感。这些年来虽然时常被负性情绪所困扰,但是负性情绪并不总是占上风的,心情时好时坏,好也好不到哪里去,坏倒是有些可怕,有时甚至会产生绝望的念头。

值得指出的是,你虽然产生了绝望的念头,但是这么多年来都没有具体实施,说明正能量还是存在的,并没有消耗殆尽,产生的拉力也不弱,所以总是能够把你从那个念头中拉回来。还有,爱学习的人如果不是太偏执,一般学习的兴趣都比较浓,求知欲很强,对外界存有好奇心,也会有通过学习促使自己不断成长的愿望,这些都是正能量的来源。你多次主动寻医和心理咨询的帮助就是想要走出困境,都是正能量尚存的表现,这些正能量正是你走出困境的最好资源。

分析这些是想让你明白,尽管这些年备受煎熬痛不欲生,可是你并没有败下阵来举手投降,依然在顽强抵抗。所有这些都再次证明你的正能量依然还在,有了它再加上我们采用的更加合适的方法,相信你一定能够走出困境!

第三,运用翻页技术。所谓"翻页技术",就是从现在开始,翻开新的一页,逐渐摆脱过去的负性记忆所引起的负性情感,避免其持续不断地、长时间地伤害自己。该技术将在后面的第九章做详细的说明。通过具体分析让她理解,她的情绪往往是由于对过去某些场景的回忆所引起的。所以从今天开始,让她开启人生的新篇章。记住今天的日期,回去写一篇日记,主要是记住今天是一个重新开始的日子。

从今天开始,不去回忆、计较过去的恩怨情仇,原谅自己也原谅别人。这说起来容易,做到却是很难的,有的人甚至一生都做不到。原谅自己那时还小、不懂事,原谅自己能力有限,不能把所有事情都考虑到,也无法控制一切因素都能心遂所愿。原谅自己的冲动和迟钝,原谅自己分不清是非对错和利害得失,把这些当成自己成长的苦药也是良药。原谅过去的一切,过去的就让它过去吧,我们重新翻开新的一页。

当偶尔想到过去的场景或者事件的时候,轻轻提醒自己,过去的事情就让它过去吧,虽然它们时常还会引起我们刻骨铭心的体验,甚至常常在噩梦中被惊醒,我们就权当那些已经发生过的事情就是一场梦境,毕竟它们已经过去了。就像做了一个可怕的梦,当你醒来时发现是梦的时候,那种恐惧的感觉马上就消去了一大半。过去的真实事件如果也这样处理,那么由事件产生的消极影响也会减少很多。翻开新的一页，过去的事情就让它过去吧。这是一个观念性的指令，是为我们保持当下的良好情绪服务的，是避免被过去的负性事件所引起的不良情绪所干扰。

第四，撕掉"病人"的标签。

你到医院看病是好事，情绪低落的症状及时得到医治可以避免病情加重或者出现生命的意外。但任何事物都具有两面性，既有积极的一面，也有消极的一面。消极的一面就是你被定义为"抑郁症"，是一名被医院确诊的正式"病人"了。这不是一个简单的称谓，而是一个健康的人到不健康的人的一个转变，被正式贴上了"病人"的标签。几乎所有的人第一次被确定为病人的时候，内心的情绪状态都会产生一定的变化，而这种变化百分之百是消极的。你原本情绪就是低落的，但毕竟还是健康的人。可是一下子诊断你是"抑郁症"，是一位"病人"，这又构成了一个新的刺激，是又一次心灵层面的打击。在原有负性情绪的基础上又加厚了一层，使得情绪更加低落。

有人说抑郁症患者服药后的两周之内，容易诱发自杀行为。这一定是药物的化学反应？抑或是知道自己是一个抑郁症病人的消极心理暗示所致？不过从生活实例的角度看，第一次被贴上病人的标签，情绪反应都是消极的。分析这些是让她知道，被贴上标签会产生消极影响，理解撕掉标签的必要性。

理解撕标签不难，难在如何撕掉标签，撕掉标签才是我们的核心目标。

"你认为自己是病人吗？"咨询师用询问的口吻问道。

"我也不太确定。感觉不太像是病人，但在很多方面又和别人不一样，如果说自己没病，又怎么会有这么多困扰？所以有种似病非病的感觉。"她说。

"在什么时候感觉自己是正常的没病的状态？"

"在自己投入到工作中的时候，在做自己喜欢的事情的时候，会忘记自己是一个病人。"

"那什么时候感觉自己有病呢？"

"有病的意识并不清晰，只是在与人交往的时候感觉很难受，所以很多时候都在逃避。再就是遇到不如意的事情的时候，觉得很无助，很孤独，很难受，容易产生活得没意思的感觉。"

"从你刚才说的情况来看，你并不是每天或者每个时段都处于难受的状态,有时你的状态也很好,是吧?"

她点头表示同意。

"那也就是说,你并不是完全彻底的病人,只要某种条件具备,你就可能是一个完全正常的人。"

"是这样的。"

"你们单位的人知道你有抑郁症吗?"

"同事们都不知道,只是认为我不自信,不太愿意和别人交流。基本上都认为我是一个正常的人。"

"你虽然情绪处于抑郁之中,但仍然保有一定的正能量,表现出一定的活力,所以同事们从来没有把你当成病人看待,对吧?"

"是的。"

"不仅同事们没有看到你的'病',咨询师也没看出你有病。咨询师从最初见到你,你的面容和谈吐以及相互之间的握手,你的行走和坐姿,都看不出你是一位病人。只是在你谈到现实感受,谈到过往经历的时候突然变了。就犹如晴朗的天空,突然阴云密布,电闪雷鸣,风雨大作。你在谈话中途接电话时,阴云密布的天空却又突然散开,展现出一片晴朗,你的笑容还能挂在脸上。"

她连忙解释咨询时接电话是因为有一个很重要的事情。

"一般的重度抑郁症患者,情绪是不会转变得这样快的。多数都表情凝重、阴沉,说话声小,走路、说话都显得无力且缓慢,很少有笑容挂在脸上。也就是说,你比一般的抑郁症程度要轻得多。虽然持续的时间很长,也有过绝望的想法,但是你的现存正能量比一般的抑郁症患者多了不少,所以内在动力充足,活力尚存。正因如此,你可以把自己的问题看成是情绪的困扰,抛掉那个'抑郁症'的标签。这个标签不一定名副其实。你也不必经常想着如何让我的病好起来,如何摘掉'抑郁症'这顶帽子。"

"嗯。"

"如果你天天想着从'病'中走出来,说明什么?"咨询师提出了一个问题。

她疑惑地望着咨询师的同时也在思考。因为她是老师,对所有的提问都很敏感,也会积极地思索。

"是否说明你就在'病'中?"咨询师自己回答了。

第三章 心灵的转化

这时,咨询师让她左手握拳,然后用右手去掰开左手的手指,看看会有什么体验。

"开始我掰不开,但是我想要掰开,就掰开了。"她说。

"你延伸思考一下,如果你认为自己是病人,你就是病人;如果你认为自己不是病人,你就不是病人,内心的压力完全不同。你仔细体会一下,内心的观念是有能量的,它可以使我们轻松、快乐,也可以使我们紧张、压抑。所以不要太把那个病名当一回事,也不用想如何去摘掉它,忽略是最好的解决办法。"咨询师说。

第五,激发积极的情感和兴趣。长时间生活在负性情绪状态之中,积极的情感与兴趣就会减少或者降低。转化或提升积极情感,激发积极的兴趣,对于解决她的问题显得尤为重要。这方面的工作是需要日积月累持之以恒的,不能一蹴而就。

能意识到这样做的必要性,是解决问题的重要前提,然后寻找提升情感和兴趣的具体措施和方法,需得因人、因时、因地而异,才能恰到好处。这些都要靠她自己去寻找,自己去努力。咨询师只是给她指出一个方向和路径。

引导她从关心亲人开始,然后再扩大到朋友、同事等,关心周围的人文和社会环境,去发现事物中的美好,去记录和感受生活,也可以发朋友圈与朋友们分享,传播正能量。努力转变原来对外界漠不关心的内在状态,学会关注外界,关心他人,学会理解、同情、支持、赞美;主动和亲人、朋友保持联系,问寒问暖。以前不常联系的同学也可以主动联系,改变被动和胆怯的心态;主动寻找快乐,学会开玩笑和幽默,巩固自己原有的兴趣,不断拓展兴趣的深度和广度。

为了便于理解,咨询师把手伸到胸前,做了一个手掌弯曲向内的动作,然后翻转向外。手掌向内时,表示是在关注自己;手掌向外时,表示是在关注外界,关注他人或是它物。当你的关注点在外部的时候,你自己就被忽略了,变得模糊了,甚至能达到忘我的状态。你想一个忘我的人,还会有心理问题吗?忘我的人心中已经没有了"我",哪还有"我的问题"?她会意地笑了。

第六,发挥丈夫的作用。就婚姻关系的状况来说,丈夫是她最大的心理支持系统。她对丈夫的感情有很强的依赖,对丈夫也有很多期待,渴望更多的沟通。实际上是希望丈夫能够更多地理解和关心她,如果没有达到她的期望,就会感到孤独和寂寞。对于她的心理状况,以常人的思维很难理解她内心的渴求。

她过去的经历使她产生了孤独感和自卑感,她特别希望得到别人的认可、赞美、关怀和爱,特别怕被否定、被排斥、被羞辱,所以努力通过各种办法保护自己的自尊心,包括努力学习,都是为了证明自己,掩饰自己的自卑,获得自尊,赢得别人的肯定和赞美。她总是通过躲避的方式避免各种社交活动,以免伤到自己的自尊。过分保护自尊的人,非常在意别人的看法,会设想别人如何看待自己,而且多是负面的设想,所以就恐惧社交。她认为父亲嫌弃她,使她产生了分外渴望获得父亲的认可和爱的强烈需求。

她希望在丈夫身上得到的不仅是丈夫的爱,更希望得到父亲般的爱。在与丈夫交流时,把上述分析也一并透露给他,有助于身为丈夫的他理解自己的妻子,从而发挥自己的独特作用。

她丈夫是一个强势型的人,做事干脆果断,在理解别人的内心渴求方面难免不够细心。所以在与丈夫交谈中,引导他理解和关心自己的妻子,以及在行动中需要落实的一些具体事项,尽可能详细指导,以便能够在日常生活中落到实处。她丈夫也是知识分子,理解能力很强,只是由于性格使然有些细微之处可能意识不到,也做得不够到位。从心理咨询的角度看,只要能发挥一定的积极作用就很好,如果能发挥最大的潜能那当然更好,我们决定一起顺其自然尽力而为。

第七,运动调节。长时间抑郁的人,身心都会有不同程度的症状反应。身心是一体的,是一,不是二。虽然我们可以分别谈论身心,但二者是紧密相连不可分割的一个整体。身会影响心,心也会影响身。长时间的抑郁情绪,也会使身体包括神经调节、内脏功能、体能等处于不良状态,有的甚至会出现气滞血瘀的状态,需要使用药物、体育锻炼和心理辅导相结合的整体调节方式来帮助来访者。她不喜欢运动,也没什么擅长的运动锻炼的项目。

咨询师结合实际,给她讲了锻炼的作用。至于锻炼的项目和时间安排等,就由她自己来安排和具体落实了。

咨询结束后,她第二天早上就给咨询师发来了信息:

"老师您好!早上去菜市场买了菜,好好给孩子做饭。日记我还没有写,我不知写什么,我希望以后我的日记中记录的不再是自己,而是他人它物。老师,昨天您关于我父亲临终前对我怒吼的理解,让我内心深处掀起爱的感觉。我一直觉得父亲是自私的,他不应该对那样小的我怒吼而发泄自己心里的痛苦和绝望,让我觉得自己一定是个无能又非常令人厌恶的人。我从未想过父亲是用怒吼推开我,是他用自己生命最后的力量来保护我、来爱我,来爱他这个世上最深的牵挂。我是多么自私啊,为此耿耿于怀怨恨了他多少年啊,我真对不起父亲,我多想握着父亲的双手,把他抱在怀里,安抚他的孤独和绝望,告诉他还有我,可我再没有机会了。手心向里想自己,手心向外念他人。老师我要记着您说的话,做个反转,重新开始,开始真心为他人着想。我父亲就是一个非常善良的人,我想我能做到。我那个朋友去外地看牙了,把孩子放到我家让我来照顾。她孩子脚丫子弄破了,我感受自己真心地、心无杂念地给孩子清洗、上药、洗衣等过程,孩子无意中叫我干妈,我挺开心的。关心他人,不为自己,不为得到赞扬,也不为任何的功利,而只是真诚地去关心,就像老师,您对我一个陌生人的关爱一样,感谢您的仁心,抚慰了一个孩子的内心,温暖了她的冷漠。世上自有真情在,谢谢您!我要自己也做一个温暖的人,能温暖到别人,说不定像您一样,能帮助到一个孤独绝望的灵魂。"

说来也巧,在指导她从内心滋生爱的情感的时候,真希望能有一个具体的场景,让她马上去实施。实践出真知,在真实的行动中才能有最真实的体验和感悟。

就在当天咨询结束后回到家里,她仅有的两个朋友其中的一位刚好第二天要出差,想要把孩子送到她家里让她帮助带一下。她正好可以奉献自己的爱心来照看朋友的孩子,用心体验发自肺腑地爱别人的那种感觉。这实在是太巧了,好像冥冥中老天也在参与咨询过程,在最恰当的时机刚好就出现了期望中的场景,咨询师的内心也特别喜悦。她的信息反映出她有所感悟,漫长的疗愈之路有了一个良好的开始。当然心理咨询师也明白,转变是一个漫长且充满曲折的过程,以后还需要克服许多意想不到的困难,才能获得艰难的成长。

原来要求一周以后交一份作业,汇报一周的状态和行动。她没有交,也没发任何消息。后来询问得知,由于前些天与丈夫一起去婆婆家,丈夫又找了一个人陪她一道去,她不愿意,所以一路都很不高兴,以至于周日回来后,一直到周二都还处在不愉快的情绪中。

"抱歉张老师,我脑子又乱了,上周末和爱人一起回老家,我不想有外人陪,但他还是叫朋友陪了一路,我特别难受,特别有压力,一直情绪不好。这周四要去北京出差,我也不知道该为工作准备些什么,好烦。今早起床,心情一样低落,准备吃早餐。"

得知情况后,咨询师对她进行了及时指导。再一次提醒她,认识到"观念"或者说对事物"看法"的重要性。

从你不高兴的情况看,你产生了负性情绪。是不是所有的人遇到这种情况都会产生负性情绪呢?不一定,有的人可能还会兴高采烈呢,觉得多了一个人,说说笑笑多有意思啊。这时我们可以反思一下,自己怎么就生气了呢?

这一定和我们对这件事的看法或者和所持的态度及观念有关。你的态度或者说是观念可能是"不需要陪伴,一个人最好",它就成了你在关于这件事的信息加工中,分析和判断的一种尺度。你也可能会想:"你丈夫明知道自己不喜欢结伴而行,却偏偏又找了一个人,真是烦死了,他就不该带人。"这个想法有可能成为你看待这件事情的另外一个标准。此外,也可能还有其他标准。

试想一下,你的负性情绪是由那个陪伴你的人,还是你丈夫做事的方法,还是你对这件事的看法造成的呢?你认为这件事引起了你的负面情绪就是最终的结果吗?它还可以演变出哪些情况?

如果中途你生气下车时,后面上来一辆汽车,由于匆忙躲闪不及,冲出了路面……可以演变出几种可能?任何一件事情都是由诸多要素构成的,任何一个要素的微小变化,都可能造成事情向不同状态演变。你听说过蝴蝶效应吧?万事万物都是相联系的,小事情也可能带来大变化。

再回到对于你的情绪的分析上。如果暂时不用你的标准来判断,我们试试使用其他标准,看看可能产生什么样的情绪。

假如你想到,丈夫这样做是怕自己一路寂寞,他开车又不能多讲话,所以带一个人陪伴你;假如你想到陪伴你的人,能够抽出时间与自己一起同行,是一种善良友好的举动;假如你理解了这次行程是回家看望公公和婆婆,是尽晚辈的孝心,自己一时的不舒服并不重要,与谁同行也并不重要,这仅是一次行程,看望老人尽孝心才是大事;假如你意识到,你的不舒服是由于你的适应能力弱,是由于主观上太关注自己的感受,是习惯于用自己的标准衡量事物所产生的,所以正好可以利用这个时机调整自己的情绪,锻炼自己的适应能力,情绪状态很可能大不相同。

如果我们总是任随情绪自然发生,我们就很难从情绪的困扰中走出来。因为你已经很习惯于产生负面情绪,经过几十年的反复强化,这种反应已经形成了动力定型,是一种模式化的反应。你已经习惯于以自我为中心,以自我的感觉为中心了。所以我的感觉、我的想法就自然地成了第一标准。记得我们之前讲过,手心向内是自己,手心向外是别人。你此时手心是向内还是向外的呢?

你还记得我们用右手扒开左手的拳头吗?如果不想扒开怎么也扒不开,如果想扒开就能扒开。这说明了我们的观念、我们的想法是非常重要的。如果你有明确的冲出困境的想法,你的一切行为都会随之而改变。当然,改变的过程不是轻松愉快的享受,需要克服各种不适甚至痛苦。就像吃药要忍受苦,打针要忍受痛一样。转变需要有克服困难的意志品质和行动能力。光想不做等于空想,光说不练等于空谈。等到真正改变了,就没有那么多不适和痛苦了,因为我们的观念变了,情绪也就变了。

我们真正的痛苦是面对困难想要逃避而又逃不了,是不敢直面困难时的痛苦。以后再遇到这样的事,你可以尝试以平和自己的情绪为目标,努力去理解别人、理解事情的性质和缘由,学会选取不同角度、不同标准去看问题,学会用善良、慈悲、理解和同情的心态去看问题,你的情绪就会逐渐调节得越来越好。

一个多月后她发来信息,说这段时间过得很好,带孩子出去玩了。感受到了北京三里屯的现代和繁华,情绪比较兴奋。

带孩子出去玩,说明自己想努力在孩子身上投入感情,开阔孩子的眼界,增进母子关系,同时也是为自己寻找乐趣,转移注意力,获得更多的正能量。这是自我走出困境的尝试,同时也反映出目前状态不错。

过了很长一段时间,她又发来一段比较长的信息:

"老师,我会摆脱掉软弱,我决定不再做祥林嫂,不断向别人展示自己的软弱,我终于明白我那么做的原因,我袒露自己的软弱,竟然是渴望别人的爱与抚慰,可我终于意识到这个东西就连曾经同为一体的母亲都给予不了你,难道你还指望别的其他什么人给予自己吗?今天我们单位召开了组织生活会,因为各种原因,我以前从未参加过这样批评与自我批评的会议,几乎每个人都说到我不自信、不与别人交流,当校长第一次说到时,我还能报以微笑,可当其他人第二次第三次谈及我的缺点时,我的眼泪不争气地在那么多人面前涌了出来。一个四十岁的女人,因为这么个事在众人面前落泪,我的眼泪不是流给尴尬的自己,而是情不自禁地为了身体内陪伴了我自己四十年的心灵。心灵是无辜的,她是完美的,她不该因为我受到外人对她如此的伤害与践踏!对不起,我最忠实最亲爱的心灵。从此以后,我再不会软弱,不会恐惧,我要保护我的心灵,决不允许别人再来伤害她,任何人都不可以,哪怕是任何的暴力与恐吓、野蛮与黑暗,哪怕是亲人最温和的绑架,最伤心的给予!我会尽我全力、尽我一生为我的心灵铸起安全的铜墙铁壁,给她生活最丰富的滋养,让她在微笑中在坚强中长大!谢谢老师一直以来的热心关怀!"

  这份信息反映了什么呢?首先,说明她又遇到了困扰,她的情绪因此又有很大波动,内心不舒服;其次,说明她的自尊依然敏感,容不得别人伤害;第三,她以前从没有参加过这样的会议,现在敢于参加,也是进步的表现;第四,这次刺激虽然引起了消极的情绪,但她没有变得更消极,而是把消极的情绪转化成了积极的动力,决心尽其一生,尽全力滋养她的心灵,让它在微笑中长大。这的确是一股难得的正能量,会成为今后滋养她成长的源泉。基于这样的分析,给她做了如下回复:

  "看到你的来信,知道你又流泪了,我能理解你当时的那种处境和感受,是很难为情的。确实,自己也知道自己不愿意与别人交流,也不自信。但是当别人指出来,尤其是在一群熟人面前指出来,让自尊心极强的你,感到无地自容,五味杂陈的泪水就情不自禁地流了出来。能在众人面前把泪水流出来也是一种勇敢,不是软弱,流出来不也没什么吗?起码自己轻松了很多,那也不丢人,而是情感的自然流露。在这次的泪水中,我能感受到你的进一步觉醒和坚强。你能参加这次会议,并且在校长指出你的不足时还能笑脸以对,说明你的承受力有了很大的增强。流泪看似软弱,但你并没有颓废,没有变得消极无为,而是激起了更大的决心和毅力来改变自己,让自己的心灵更加强大,不再遭受别人的指责,这正是你觉醒和坚强的表现。从来信可以看出,你的决心和信心越发增强了,成长的动力也越来越足了,相信你一定会越来越好!"

  这次回复,主要想表达的是肯定和支持,不断滋养她的正能量,避免她产生更大的消极情绪。相信她会通过自我的不断调整,逐步增强自己的适

第三章 心灵的转化

应能力。

一周之后又收到了她的来信,可以看到她的心态稳定了下来:

"送给父母最好的礼物是荣耀,送给孩子最好的礼物是榜样,送给自己最好的礼物是成长,送给朋友最好的礼物是正能量!坚决对懒惰与恐惧说No、No、No!"

在这个案例中,最有特点的地方是对父亲的认知转化,由恨父亲转化成爱父亲,这对她的心理调节来说应该是最重要的了。这个转化解开了对父亲的心结,犹如卸掉了一块压在她心头的巨石,轻松了很多;也犹如拨开了一块厚厚的乌云,见到了蓝天的远阔清爽。但这种转化的契机不是谁都能抓得到的,抓住这个契机有赖于对咨询方法的掌握和对中国文化的了解,所以才能想到"责骂"是一种保护。也正是因为有这种文化的共识,她才能够理解和相信这种说法,才能发生认知和情感上的改变。

读到这里可能有人会想:"你说父亲是以责骂的方式保护女儿,能确定父亲真是那么想的吗?"

我们的回答是:"从内心说,是确定的。因为我们的这种推测,符合父亲那种非常善良的人格特征,也契合我们中国人所具有的民俗和习惯。"

需要强调的是,对于这种重度抑郁的来访者,咨询师需要格外注意避免她再一次出现绝望的想法,因为一旦出现这种想法依然是非常危险的;另外就是要利用她走出困境的自我意愿,不断增强其正能量,化解掉各种负面因素的干扰,让自我走出困境的能力逐渐得到增强,很多问题就迎刃而解了。

真诚地祝愿这位善良的老师,能在自己的岗位上获得更多的爱,也把暖心的爱奉献给自己的学生和身边的人。

让这个世界因为有爱而更加美好!

第四章　踏不进的校园

温暖的太阳,投射出他内心升起了更大的希望和力量。

他怀揣着上大学的梦想,可是却始终走不进校园。

来访者是个男生,脸色白净,一米七五左右的个头,长得很帅气,说话表达流畅、清晰,但是声音不大,行动也有些迟缓。他是在妈妈和另外两个亲属的陪同下,从外地农村前来咨询的。

通过访谈得知他有严重的抑郁症和强迫症,在当地医院精神科做过检查和治疗,也吃过一段时间的药,目前还没有好转,暂时在家休养。

他有一个很强烈的上大学的愿望,希望通过咨询辅导尽快走出这种艰难状态,重新开始学习,圆自己一个上大学的梦。

在访谈过程中,咨询师注意到了来访者的专注和渴望的眼神,这种眼神和普通的抑郁者不同。普通抑郁者往往目光暗淡,缺少明亮的光芒。而他则不然,虽然说话声音偏小,然而目光却是明亮的,目光中还有专注、渴望和坚毅。这目光是对未来的向往,也是对摆脱目前困境的殷殷期盼。这目光向咨询师传递的是一股"心的力量",足以让咨询师产生解决问题的信心和希望。使心理咨询师倍感珍惜的是,这目光中包含了很足的正能量,它是转化负能量的催化剂,是咨询师解决来访者心理问题最有利的抓手。

他的问题是从初三的时候开始的,所以导致中考考得不好,没有进入当地最好的高中,只能选择一所普通高中就读。高一的时候父亲突然去世,对他的打击很大,心理问题也就越发加重了。学习成绩下降得比较快,甚至正常完成作业都很吃力,脑子不停地想一些奇怪的事情,注意力难以集中,无

第四章 踏不进的校园

论如何努力,也控制不住自己的念头,很是苦恼。

这期间与班主任老师的关系很僵,老师经常批评他,意图迫使他离开这个班。他对老师心存怨恨。

在学校的时候,因各种心理困扰导致他难以继续学习,不得不在家休息一段时间,可是当他再次返回学校的时候,却无法走进校园。越走近学校,心理就越发难受,甚至全身都在颤抖,临近学校大门的时候,还会出现呕吐的症状,几次尝试返回学校,都走不进去,只能回家自学,但是自己看书也很难看得进去,深感焦虑和痛苦。

他想学习,却又不能学习,想摆脱困苦,又摆脱不掉。到医院看过医生,但是这些问题依然没有得到解决。

母亲介绍说,在家的时候,他坐过的位置常常被吐一地痰,弄得很脏。可是很奇怪,在心理咨询室并没有看到他吐痰。但是,有一个行为很特别,刚进入房间的时候,他站在沙发旁边迟迟没有坐下,老师以为他是出于礼貌,在等老师坐下后他才坐下,其实不然。后来得知,他不愿意坐在陌生的地方,一般的座位都不会轻易坐的,所以他是在犹豫。但是最后还是坐下了。这也说明他的问题是可以改善的,原来做不到的事情,在咨询师面前不是都做了吗?

分析问题形成的原因,大致有这样几个方面:

一是母亲对她管得过多,管得过于严格。母亲脾气不好,批评打骂的状况时有发生。他举了一个例子,说母亲为了让他信基督教,硬是拽着他的头发,把他按在地上给上帝磕头。妈妈是虔诚的基督徒,而他并不相信这些,所以不愿意被强制信奉。由于妈妈管得严,不让他跟其他人接触以免学坏,所以就不擅长人际交往,自身的性格也偏内向,与其他人交流得比较少。

二是与老师的关系紧张。他既惧怕老师,又怨恨老师,这些负性情绪填充了他的大部分身心。

三是对自己完不成学习任务考不上大学的担心。这种担心也会进一步增加焦虑和烦恼,多重负性情绪叠加到一起,使他被负面情绪压垮了,心里也就出现了严重的不平衡,表现出严重的心理问题。

根据了解到的信息,咨询师决定采用以下几种方法来解决他的问题。

一是认知调节。

让他和家人了解到他的问题是由于负性情绪的长期累积形成的。比如,母亲的管教方式让他倍感压抑,父亲的突然离去让他极度悲痛,与老师的矛盾让他愤恨、苦恼,学习上的期待让他越来越失望,等等。由此所表现出的症状有抑郁、焦虑、强迫等不同形式,无论症状呈现出多少,都可以看作严重的综合性心理问题。

我们这里所说的严重,是指这些心理问题给他的学习和生活带来的不利影响,严重影响了他的学习,使学业很难进行,不是指严重到不能够解决,或者很难解决的程度。告诉他要理解,心理问题既然可以形成,当然也能够解决。不要被那些病名吓倒,那些病名就是为这些症状起了个名字而已,仅是一种标识。看似好几个病名,好像有好几种病,其实不然,只是出现了心理问题而已,它们只是心理问题的不同表现。

如果能把这些负性情绪逐步化解与转化,心理问题就逐步解决了,无论有多少症状,都会逐渐减轻直至完全消失。如果有解决问题走出困境的决心和信心,加之采用合适的方法,问题解决的可能性就会大大增加。

从访谈中了解到,他一直在不懈努力,顽强斗争,想要摆脱困境。另外,他非常想把问题解决掉,然后恢复学习,考上大学,继续自己的学业,实现自己的人生理想。这是他摆脱困境最重要的力量源泉,正是因为有了这种上大学的梦想,他才表现出了克服困难的勇气和毅力。

"坚定你想上大学的梦想吧,只要你有这个念头,就会产生一种意念力,助力你从困境中走出来。"

"嗯。"他抬起头,目光很坚定。

认知调节过程主要是通过对话完成的。在这里只是介绍一下总体的内容,没有以对话的方式做具体阐述,目的是使结构更简洁,节省篇幅。

二是疏通和母亲的关系。

母亲生活在农村,是一个农民,没有多少文化。然而内心是善良的,对儿子充满期待。只是由于自身性格原因以及不懂教育的方式方法,导致与儿子的关系不太顺畅,这也是引发孩子问题的一个重要原因。让母亲了解并能够理解孩子目前的状况,他所呈现的让母亲不满意的问题,恰恰是解决问题的关键,要理解孩子的困境,接纳他的不足。为了帮助孩子走出困境还要努力改善自己的性格,控制自己的情绪,不能有脾气就发,造成对孩子的伤害;要改变对孩子的态度,接纳并欣赏自己的孩子,要相信孩子一定会逐渐好起来的。如果能够这样去想,你自己的态度,表情都会改变,儿子也会感到很舒服、很温暖,他会真正体会到来自母亲的爱。爱不是语词和概念,而是一种温暖的感受。

告诉母亲要改变教育的方式,多听听孩子的意见,孩子已经长大了,他会有自己的想法和主见,要尊重孩子的选择。对孩子说教,话语不一定很多,但要讲到关键之处。尽量不去批评、责怪,更不能使用谩骂、贬损人格、伤害自尊心的话语。

儿子也要尊重母亲,理解母亲的爱心与生活的艰辛,激起对母亲的孝心,坚信一定会好起来,将来还要赡养和孝敬母亲。期望他们能够相互理解、宽容对方。要求回去之后两个人都要落实咨询师布置的任务,一周以后汇报具体情况。

三是使用翻页技术。

使用翻页技术,不仅要知道如何翻页,更要知道为什么翻页。翻页就是卸掉垃圾,就是排除负能量的干扰。保存在我们头脑中关于负性事件的记忆,不停地被复习或回忆,不断地被重复,会千百倍地放大那些负性事件的影响力,导致我们的心理伤害因持续被强化而加重,心态也就不断地恶化。解决办法就是使用翻页技术,排除过去负性事件的消极影响。翻页的具体操作因为在前面的案例中已经介绍过了,这里就不再累述。

四是运动调节。

长期抑郁的患者,体质和体能都会有所下降,很多还会出现功能减退或者生理疾病。他的特征表现为行动慢,说话声音小,力量不足等,表明身体的机能下降了,消化和吸收、神经调节功能都会有所下降,血流也会变得缓慢,全身的供氧会不足,时常感到乏力。

运动调节是调节身心的最好方法之一。它可以提高人体的机能,增强人体的活力,促进血液循环,也可以通过运动产生多巴胺,提高人的兴奋度。人的身心是一体的,身体健康会促进心理健康,心理健康也会促进身体健康。所以,调节身体也是在调节心理。

然后,与他一起探讨选择什么样的运动最适合自己。根据他所处的环境条件,他决定每天散步,做操,偶尔跑跑步。后来得知,他在体育运动这方面一直坚持,这对他的恢复起了一定的积极作用。

五是实施催眠。

针对他不敢到学校学习的实际情况,决定实施催眠。征得本人和家长的同意后,对他做了一次催眠。在催眠状态下,引导他走进学校,进入校门,走进自己的教室,来到自己的座位,看看周围的同学,听到某一位他比较喜欢的老师在讲课。重复引导三次后,发现进入学校和教室以后的表情状态与开始时相比逐渐放松了下来,眼神也逐渐明亮。第四次和第五次,开始增加难度,让他在催眠中遇到自己不喜欢的老师,听不喜欢的老师上课。观察到他的表情扭曲且痛苦,发现这点是问题的症结所在。

在下一次催眠时,增加了对老师的认知调节,引导他进行以消除自己对老师的负性看法并避免产生负性情绪为目的的认知调节。比如,你对老师有怨恨,再仔细想想,老师的动机、老师说的话一定是你以为的那样不好吗?有没有其他可能?如果有,也不见得你所设想的就一定都是正确的。我们还可以从老师的角度来理解,他在哪个角度考虑问题?他表达的想法是否也有合理性?如果我们在一定程度上理解了老师的言行,我们的怨恨可能就不会那样强烈,我们的内心也会减少一些由于怨恨而感受到的煎熬。在催眠中给他留几分钟时间,让他自己去化解。

这些方法的运用到底产生了哪些作用?这个学生的学习状况后来如何?

后来得知,经过两次辅导,来访者有了一些改变,终于敢于走进学校开始上课了,但是坚持不到一周,又不敢去学校了。无奈只能回家自学,并且又做了一次心理辅导。这次辅导运用了哀伤辅导和意念化解创伤的方法,随后将继续介绍。

六是哀伤辅导。

父亲是在他高一的时候突然去世的,而且还是在为他联系高中学校的路途中,因心脏病突发不幸离世的。作为一个很懂事很有孝心的孩子,能不思念自己的父亲吗?对父亲的思念之情,以及内心的苦楚无处诉说,使他的情绪始终处于低落状态。遂想通过哀伤辅导,化解其忧思苦闷的负性情绪。本次辅导,也是在催眠状态下进行的。

通过催眠语言的导引,来访者很快就进入深度催眠状态,咨询师便开始了语言的引导,疏导其心理哀伤:

"我知道,在你的内心之中,深深地思念自己的父亲。一会儿你就会见到你的父亲。见到父亲之后,你有哪些想说的话就尽管说,想怎样表达你的爱你就怎样表达。稍停顿一会儿……你见到你的父亲了吗?"

第四章 踏不进的校园

他点头表示见到了。

"好,给你一点时间,你想和父亲说什么就尽管说吧,想怎么样就怎么样。这个时间就留给你了,不打扰你。"

他的眼中开始有眼泪流出来,后来逐渐平和下来,估计情绪稳定了很多。过了一会儿,估计交流的差不多了,咨询师引导他说:

"再和父亲说几句话,然后我们就要离开了,好吗?"

"嗯。"他表示同意。

"好,我们现在和父亲告别,离开了。"咨询师继续引导说:"你见到了父亲,父亲也见到了你,父亲见到你很开心,你也很开心。要知道,父亲离开了你,只是他的躯体你看不到了,可是你的头脑中还能看到他的身影,有时还能对话。只要你想到他,他就在。他永远都在你的心中,从来都没有离开。其实,我们人的视听觉是很小的。我们只能看到光波中的一小段,听到声波中的一小段,更多的信息是感知不到的。因为我们能力有限,你的父亲一直在默默地关心你支持你,可是你并不能感知得到,但你应该知道父亲永远都是爱你的,对你是充满期望的,你能想到这些,实际上就已经得到了来源于父亲的爱的能量。努力走出困境,努力学习,实现自己考上大学的梦想,不断学习成长,以自己的才能孝敬好母亲,这可能是父亲对你最大的希望吧。你也放心,父亲离开之后,状态也很好,你不用担心,好人定有好报。和父亲见面了,想说的话也说了,你的心也就平和了很多,内心没有了遗憾就会轻松很多,你会很快好起来的,当你好起来之后,你父亲也会非常高兴的。"

说完这段比较长的导语之后,引导其结束了催眠的状态。

有人一定会觉得奇怪,在催眠状态下还能进行哀伤辅导?我们的理解是,在催眠状态下的哀伤辅导,比清醒状态下更有真实感,训练的效果也更好。这种辅导最大好处是让他有机会说出自己没有机会表达的话语和真情,把情感的堰塞湖给疏通了,减少内心的压抑和愤懑。同时,咨询师还可以运用安抚和激励的语言,引导他的心真正放下,为自己的未来努力,增强成长的动力。

七是在冥想中用意念化解创伤。

化解心理创伤问题,比较常用的方法是 EMDR(Eye Movement Desensitization and Reprocessing),即眼动脱敏和再加工技术。这种技术运用起来比较复杂,效率不高。运用意念化解创伤,简便易操作,效果有时会超乎想象。他与班主任老师的矛盾冲突对他已经造成了严重的心理创伤,以至于一想到老师就恐惧,并且泛化到了不敢去学校上学的程度,有必要对他进行一下训练,来化解他的心理创伤。

具体的操作是:

首先告知他,这个训练的目的、时间、基本程序和危险性等,然后开始训练。

然而就在开始训练前,他突然和咨询师说:"老师我还有一个重要情况没有和您说。我以前说恨老师,恨之入骨,但那不是最影响我的。我过去没有提是因为我不敢提及此事,一想到这件事我就控制不住自己的情绪,所以一直没敢讲。"

"那是在我十岁的时候",他带着非常痛苦的表情说,"家里发生了一件大事让我深受影响,老师我不能和你讲,因为一想到这件事我的情绪就会崩溃。"

听了他的介绍,咨询师心里很高兴,因为他的问题还有着更深层的原因,这有利于为他提供更好的咨询和帮助。同时也感到非常紧张,他情绪崩溃了怎么办?用意念化解心理创伤的训练是一定要浮现场景的,如果触及这件事让他控制不住情绪怎么办?就解决问题来说,使用这种方法应该是最有效的了,所以即使承担风险也应该尝试一下。

他带着焦虑甚至是惊恐的眼神看着咨询师,对自己能否控制住自己,是否会崩溃性发作没有信心。

咨询师提醒他:没事,有老师在,你是能控制住自己的,不用担心。其实咨询师心里也没有底。

他的训练可谓是惊心动魄。当咨询师说"当那个场景出现时",他的双手突然从两侧紧紧地按住头部,犹如两只大手紧紧抱住个篮球,很像是怕脑袋爆炸一般,面部表情极其痛苦……

咨询师的全身突然也起了一层鸡皮疙瘩,第一次遇到这样的情况。

咨询师立刻走训练流程,开始数数字:10、9、8、7、6……由于紧张,数数的速度比平时要快,当咨询师数到7和6的时候,他的紧张状况有了缓解,放松了下来。咨询师心中暗喜,训练有了效果,他没有崩溃,可以继续进行训练了。

在第一次训练结束后,进行反馈。

第四章 踏不进的校园

"是否出现了场景?"咨询师问。

"出现了,差点没控制住自己。"他说。

"再了解一下,分数下降到几分?"

"能下降到7分。"他说。

这已经很不错了,说明第一次训练就有了效果。接着又给他训练了5次,每一次都询问分数降低的情况。询问的目的是看操作是否正确。比如,是否出现了画面,是否是过去引起他最强烈情绪体验的那个画面,不能够几个画面交替出现,一定是引起他最强烈情绪的那个画面,等这个画面通过训练达到并稳定在0分的时候,这个场景就训练完了。如果还有其他场景也能引起负性情绪,再训练其他场景画面。这种训练在咨询师的指导下,可以一连做五六次。回到家中每天自己训练,每天3次(早、午、晚),每次3~6遍,直至训练到0分为止,训练就可以结束了。训练的效果会因人而异,有的人第一次训练就有很明显的效果。

他的训练虽然紧张一些,但是毕竟取得了超出预期的效果。

用意念引导情绪体验的下降,对于心理创伤来说,具有很好的效果。实践中取得明显成效的案例很多。用意念引导情绪体验下降,只要给一个意念就行了,然后每个人都自然会有引导自己情绪体验下降的方法,只要情绪体验下降并逐步消失,创伤性的记忆就会得到包扎处理,对心理的消极影响也会明显降低。训练中使用的引导词看似很神秘,实际上就是让来访者相信并集中注意力,注意力越是集中,意念的效果就越明显。在实际训练中,有的来访者根本不相信这种方法,甚至产生质疑,在训练时注意力不集中也就不会有好的效果。在用意念化解创伤时,意念的集中是最重要的。

这个案例的持续时间约有一年多,面询时间主要集中在前两个月,只有三次面询,之后都是微信联系。第一个月是每周汇报一次情况,咨询师给以鼓励和指导。以后是每月汇报一次,再往后是两三个月汇报一次。第一周的汇报说情况有了明显的改善,下面是他的微信内容:

"情绪上好多了,心情也还不错,没有极端的想法了,而且我能够控制情绪,多项的强迫症状都有所缓解,饮食睡眠各方面都有所改善,主要是最近笑了几次,不会每天丧着脸,可是不时还是会蹦出来好多不好的念头、心烦的事情,总的来说进步了,能够看到希望,生的希望,不会一天到晚想着仇恨,我觉得这次有希望走出去!"

可是三天后,他发来信息说症状又出现了,估计与要返校上课导致的紧张有关。因为学校都已经开学一个多月了,他还在家里自学。心理辅导之后准备去学校,所以很紧张。

来访者:"我下星期去上学。"

咨询师:"好。"

来访者:"我的强迫症状更严重了,有时候半夜起来方便,洗完手躺床上又得起来去洗,再冷也要起来去洗手。"

咨询师:"估计和你上学的焦虑有关。"

虽然紧张焦虑,强迫症又加重了,但是经过辅导还是能够回到学校去上学,并且给咨询师发来了微信信息:

来访者:"张老师,我去上学了。"

咨询师:"很好,为了梦想而学习!"

但是在学校的学习也只坚持了一周多的时间,就实在坚持不下去了。他说因为缺课时间太长,很多课程落下了,跟不上也听不懂。其实他在学校觉得难受也是学习困难引起的,毕竟他严重的心理问题还没有彻底解决。后来决定休学在家自学,因为学籍还在,还属于高中生。

在微信联系的过程中,咨询师注意到他的微信头像原来是黑夜中的一颗星(图4.1)。虽然这幅照片很暗,投射出了内心的压抑和情绪的低落,但令人欣喜的是毕竟在黑暗中还有一颗明亮的星星。这说明他内心还有希望,还有不甘,依然还有追求,这是阴中之阳,是点燃他人生希望的星星之火。

图 4.1　微信头像(一)

没有办法只能回家学习了。原来担心回家自学是否会使问题加重,结果却恰恰相反,他的心情反而放松了许多。下面是他的汇报:

"老师,我最近情绪一直很稳定,没有失控过,也没有发过火,饮食睡眠也都正常,没有极端的想法。还有我多了一个爱好,练书法,每天晚上睡觉前都会练书法,还会看许多书,还有电影。"

后来的信息依然反映出他在不断地进步,心情也越来越好:

"我每天都挺开心,能笑出来,也会想着对别人好,帮助别人,身体也很好,睡眠吃饭也都特别好,我特别激动,经常会看到生活中的美,也会拍照记录下来,我现在很喜欢拍照,看书和练习书法几乎没停过,对生活充满希望。"

他汇报说:觉得比过去开心多了,每天都很充实,还能帮助母亲干一些力所能及的活,有空就去跑跑步,还产生了对心理学和书法的兴趣。在家学习也比较顺利,能够学得进去,强迫的症状也逐渐消失了。

在这期间他的微信头像换了,换成了一个人走向初升的太阳(图4.2)。头像里多了明亮、阳光和温暖,投射出他的内心升起了更大的希望和力量,这也印证了他自己描述的,内心的感觉确实不错。

图 4.2　微信头像(二)

事情的发展往往很曲折,并不会尽遂人愿。又过了大约一个多月,他汇报说强迫症状又出现了:

来访者:"最近都很好,就是这两天一直有点睡不着,冥想训练每天做两次,有时候一次,感觉强迫症状又出来了,其他方面都很好,我也做了调整,因为之前好多了,所以冥想就做得少了,以后会多注意。"

咨询师:"练习次数太少不行。如果画面都是0分,可以练习好的画面。每次练习要专注,心态逐渐平和。有反复也不要在意,不要急着把一切都快速处理好,世上绝大多数人都是带着问题生活的,每个人都有一定程度的问题。"

来访者:"好的,老师,我会注意,多加练习。"

原来是他和母亲发生了一些矛盾。由于母亲信奉基督教,也要求他跟着学,他对基督教不感兴趣也不相信,妈妈就很不高兴,常常讲非常难听的话,于是两人就发生了矛盾冲突,原本平稳的心态又受到了消极影响。

观察他的微信头像也跟着发生了变化,昏暗的图片中一个人站在大灰熊面前(图4.3),投射出内心所面对的现实——昏暗、压抑、绝望、不安与恐惧,这确实让人担心。因为好不容易才有的一些积极的改变,一下子又反复了。好转不易但恶化是很快的,是否还能回到平稳的状态,谁也没有十足的把握。一切都会因为各方面因素的变化而变化,人的能力是有限的,我们的工作也只能是顺其自然,尽力而为。

图4.3　微信头像(三)

经过咨询师和他妈妈的沟通以及对他的针对性辅导,孩子很快又恢复正常了。

之后一段时间的情况相对稳定,没有太大的波动。下面是他发来的微信信息:

"老师,好久不见,我现在基本已经没问题了,所以很久不做训练了,现在面对那些过去的事情,痛苦的回忆,以及烦恼都能做到心平气和。"

"现在也能放下了,想起来不会再幼稚得动怒了,想想也没什么大不了的。如果当初不把所有的负能量和怨恨都埋在心里,自己能想得开,能放下的话,或许会更加不一样吧。"

"想起来之前的事也不会觉得有什么,很平和、平淡,虽然可能还是会时不时地想起来,可能因为之前陷进去了,才留下了很深的回忆。"

"但是你说过,每个人都是带着问题生活的,没有人是完美的,不要太在意,所以我也就能很淡然地面对了,我觉得自己释然了。"

这期间他的微信头像也换成了旭日的阳光(图 4.4),投射出内心的正能量明显增多,这是不断进步的表现,是令人非常高兴的事情。

图 4.4　微信头像(四)

以后好几个月的时间他都没有汇报,我想情况应该是正常的。

可是在高考前一个月突然接到他的信息,说由于疫情期间在家学习,也不敢外出锻炼,自己的问题又出现了,强迫症状也出现了,学习效果不佳,学不进去。

突然接到这样的消息咨询师也很担心,都这么长时间没有问题了,在高考这样的高压面前一下子又复发了,能帮他转变现状吗?咨询师心里也没底了。想着无论如何也要再帮他一次。如果不能够稳定他的情绪,高考的希望破灭,那对他的打击实在是太大了,能否承受得住都很难说。

"由于好转了,你的意念训练已经很长时间没有再练习了吧?"咨询师问他。

"是的,很长时间没有练习了。因为一切都好了。"

"那你再按照以前的训练方式继续练习,应该会有效果的。"

他太相信咨询师了,所以也相信咨询师提供的方法,其实咨询师也不知道在当时那种压力状况下,这种方法是否还能起效,但他还是按照老师的要求去做了。第一天没有消息,第二天也没有消息,咨询师也非常着急。第三天终于有消息了。

"老师,我的情况好了。"

面对这样的消息咨询师真的有些不敢相信,虽然咨询师比任何人都希望听到这样的好消息,但又不敢相信这么快就恢复到了良好状态。因为是疫情期间,时间又离高考太近,压力有多大可想而知。能够这么快恢复实在是太不容易了。能够恢复原有的状态，上大学的机遇和希望就在，他成长的动力就还在。否则，如果失去考大学的机会使其希望破灭，对他的打击可能是致命的。

真是谢天谢地，他可以继续复习参加高考了。咨询师的欣喜是旁人体验不到的。

高考结束了，他考得不太理想，只能上一所普通高校。他说对不起老师，辜负了您的期望，高考考得不好。高考时，尤其考第一科语文时，自己太紧张了，握笔的手一直在抖，几乎写不了字。咨询师对他说，你能参加高考就已经很不错了，进入高校后还有再提高的机会，而且也可以自学很多知识，你的机遇和前进的路径都在，未来的路是通达的，只要继续努力一切都会越来越好。

过几天，咨询师又收到一条微信信息：

"真的很感谢您！不然的话真的不知道自己还能不能活下去。"

在他看来咨询师的作用很大，内心中对咨询师有着强烈的感恩之心，实际上真正帮助他走出困境的是他自己，是他心中坚定的梦想，是他对生活的热情和兴趣，是他顽强不屈的意志力，使他终于从困境中走了出来。

实践证明，信念是人内在动力的开启键，信念尚存，自我修复的动力就在，问题就会向好的方向转化。信念缺乏，或者不想走出困境，开启键就处于关闭状态。总想靠吃点药，或者依赖别人咨询一下就好了，而不是靠自己的顽强努力，走出困境就比较艰难。这就犹如汽车没有打开发动机，靠别人推着上路是很难前行的，因为缺乏可持续的动力。

所以说外在是助力，内在是主力，即使我们的生活遇到了困境，只要我们心中还有梦想、爱、兴趣、价值和意义，就一定能够走出困境，因为内在的力量是无限的。

第五章　死亡的漩涡

　　人生最大的恐惧是面对死亡。如果连死都不怕,还怕什么呢?

　　怕死是人的本能。如果经常被"死亡"所吓倒,生活就很难宁静。

　　这是一个很特殊的案例。一个来访者在惊恐发作时有一种掉进"死亡的黑色漩涡"的恐怖感觉。

　　来访者40多岁,身体健壮,喜欢运动锻炼,说话声音较大,速度较快而有力;行为得体,行走略快;气色较好,皮肤稍黑,目光稍显暗淡,精神尚可,谈吐自如。

　　访谈中了解到,他早年父母去世,是爷爷奶奶带大的。在这样的成长环境下,他因缺少父母的爱而缺少正能量,也容易产生不安全感。由于智力较好,加之为了满足安全感的需要,学习一直比较努力,后来考上了大学。毕业之后在工作上也一直很努力,在管理岗位上做过几个部门的负责人。

　　但是,在生活中他常常被一种莫名的惊恐所困扰,让他非常痛苦。说不上在什么情况下,他就会感觉到有一股"黑色死亡漩涡"向他袭来,越走越近,把他吸进漩涡不能自拔,明显地感觉到自己就要掉下去了,以至于吓得他大声尖叫。轻的时候一个月几次,重的时候一周好几次。他被这种状况困扰了20多年,看过省内几家医院,也没有什么效果。他很怕单位的人知道,觉得难为情。问及他在工作中是否经历了一些负性事件,或者说发生了令人担忧和恐惧的事件。他没有提供更多的信息,只是说多年来变动于不同的行政岗位,难免会有一些不愉快的事情,但也不是什么大事。

　　访谈中还了解到,他对自身的情况比较在意,身体的一点点变化都会引起他的警觉。总体感觉,他是一个偏于内向、做事认真、比较敏感的一个人。除了他自述的惊恐发作之外,没有明显的情绪低落特征。

对他的情况总体分析是:早期的成长环境造成其缺乏强烈安全感是他的基本人格底色,外在表现是做事认真、谨慎、进取、敏感、多疑,气量偏小,容易多思多虑,遇到压力时习惯性地产生负面思维,并放大其压力。虽然他没有介绍生活中的负性事件,但以其行政工作的经历,可能会存在有负性的事件但不便于启齿的状况。而这些负性事件很可能是他惊恐发作的刺激源。他的心理状态除了惊恐发作之外,其他方面的负性特征并不明显。

针对他的问题,应该采取何种对策呢?

很多人会想到,运用系统脱敏或者EMDR(眼动脱敏与再加工技术),这些都是应用很广泛的技术,但是在这里要介绍一种综合的方法来解决他的问题。

针对他的情况,决定先使用三种方法进行初步的尝试,看看是否有效。

首先,建议他把自己的时间和精力投入到对生活、工作和社会做更有价值、更有意义的事情上来,做正事,走正道,奉献更多的爱心,包括对亲人、朋友、同事等;扩大生活中的兴趣,去感受生活和工作中更多的美好。

这一方法,我们称之为"阳性法",即通过激发梦想,滋养爱心,生成兴趣等,产生正能量,亦即阳性的能量。

这种方式也可以转移注意力,即由关注自己、关注自己的问题,转向关注外部,关注外部美好的事物,一举多得。

他对体育运动比较感兴趣,但是最近这些年活动显著减少了,建议他重新恢复体育运动,既可以增强体质,又可以增添兴趣,非常有利于增强人的正能量。

缺乏安全感的人,内心往往缺乏有温度的情感。如果能够做到内心充满爱,并能够体现在行动之中,不仅有利于问题的解决,也会给自己的人生带来幸福。这不是医学药方,而是哲学药方,药效更加深远和持久。所以,我们谈了很多如何关心他人、激发兴趣的问题。

其次,理性看待生死。人生最大的事莫过于生死,没有比这更大的事了。人们最怕的就是死亡,失去生命。当然,也有一部分病态的人是怕活着,怕活着失去自尊。怕死是正常的,不正常的是过于怕死,即杞人忧天,庸人自扰。为了打消他对死亡的恐惧,有必要在认知上做一些阐释,以便能理性看待生死,避免情绪化。理性看待生死,是把生死看成人生必经的一个过程,没有更多的情绪产生。情绪化地看待生死,是把死看成是人生最大的损失,死去之后就什么都没有了,谁也见不到了……全完了,这太可怕了,产生很多负面的设想和恐惧情绪。如果能够通过调整,对死亡有一定程度的理性认知,这可能会对他的惊恐发作有所帮助。当然,这种认知的调整是很难的,不一定都有效。但是,为了达到良好的咨询效果,凡是可以使用的方法,都可以尝试。

"你平时很担心死亡吗?"咨询师问。

"是的,我不敢往那个方面去想,甚至别人提到'死'这个字我都很不舒服,如果有某种场景引起了我对死亡的联想,我可能就会发作。"

"今天,我们用一点时间专门来讨论死亡,可以吗?"咨询师问。

"可以。"

"你平时坐公交车的时候,担心过下车吗?"

"从来都不会,因为上车是为了下车,准确地说是为了下车,才上的车。"他回答得很自然,没有丝毫紧张。

"我们的生命来到这个世界,又离开这个世界,是否和乘车相似?"

"嗯,有些相似。但,下车是有目的的,是我们自己决定的啊。生命的离开是不可预测的,也是不情愿的啊!"他平静地回答。

"是的,我们不仅下车是有目的、有准备的,上车也是有准备的。一开始上车的时候,就准备了什么时间在哪里上车和下车,下车之后再做什么等一系列的计划。可是,我们的生命不是这样,我们什么时间来到这个世界,生在哪个国家,以什么样的皮肤、眼睛、头发的颜色出现,生在什么样的家庭……这些都是我们无法控制的,以至于什么时间、以什么样的方式离开这个世界,我们也无法知道。对事物无法预知和控制是我们产生担心和恐惧的原因之一。此外,与我相关的事物,即属于我的事物也就没了。如我的老婆、孩子、房子、车子、田地等。再如父母如何赡养,孩子的未来……占有的欲望和责任意识,都会受到残酷的打击,所以对死亡非常恐惧。"

"是的,我平时担心的不是死亡本身,而是对一些后果的设想,越想越可怕。可是,在发作的时候,怕的是那种就在眼前的一种情景,没有想到更多的后果。"他依然用平和的语气回答。

"情景的反应往往是本能的反应,是对生命的本能保护。但是,你的反应不是对真实情境的反应,而是在一定情景刺激下的过度反应。原有的一些经验影响了这种反应,使反应脱离了常态。如果我们改变原有对生命、对死亡的认知,有可能会限制这种过度的反应。"

"也许吧。"他勉强地回答。

"你估计一下你能够活多长时间?"咨询师又问。

"七八十岁吧。因为中国人的平均寿命已经是76岁多了。"他笑着回答。

"如果,没到76岁,60岁就让你下车了,你能接受吗?"

"我接受不了,我还没有及格,没有达到76岁的及格线,觉得有点亏,心有不甘。"

"前面我们探讨了上车和下车是可以控制的,而生命的来去是无法控制的,如果真遇到了无法控制的生命状态,我们该怎么办?"

"听别人说,要勇敢面对,可我面对不了,不敢面对。也有人说,放下一切,这个我也做不到,很多事情放不下。"

"你说的面对和放下,都是很好的方法,困难的是,这很难做到。如果做到了那真是无所畏惧。下面我们做一个练习,好吗?"

"好的。"他表示同意。

"假设你的生命还有10年的时间,你会如何来安排时间?"

"那时间太短了。我会更加珍惜这样短暂的时间,尽到丈夫的职责、尽到父亲的责任,在工作岗位上做好本职工作,与人和谐相处,互相多照应多包涵。妻子喜欢旅游和美食,多抽时间陪她到祖国各地走走看看,先走国内,再走国外。"他平静地笑着说。

"如果再给你5年时间呢?"

"那时间更短了,相当于读一个医大本科。"他说话带有幽默,"我会更加珍惜这剩余的时间,对一些事物会看得淡一些,不会考虑自己如何升迁了,不会担心谁会与自己竞争,会更珍惜亲情和缘分。会更多地考虑,如何多做一些有益的事情。"

第五章 死亡的漩涡

"如果,最后给你的只有一周的时间,你又会如何?"

"这7天我会选择做几件最重要的事情。我会把时间按照小时来划分,珍惜每一分钟、每一秒钟。我不会抱怨时间过短,也没有了恐惧,好像我就该有这些时间,我只能按照这个时间来安排。"

"谈了这么长时间,你有没有发现点问题?"

"没有发现,是不是我的话比较多?"

"我们在这段时间里一直在谈论你以前不敢提及的词汇,那就是'死亡'。不仅谈及了这个词汇,还设想距离死亡的时间,而且时间越来越短,可是你并没有出现惊恐发作,不是吗?"

"是啊,如果以前谁提到这些,我可能就崩溃了。今天,可能由于老师在吧,氛围不一样,胆量就大了。"

"也不是由于老师在的缘故,而是我们能够敢于面对,内心真实承认了人必然要离开这个世界的现实。留在这个世界的时间越短,越会倍加珍惜。如果我们不接受这个现实,殊死抗争,恐惧那个时刻的到来,心情就无法平静,那就是活受罪了。"咨询师解释说。

我们都知道,在大自然面前,人是很渺小的,能力也是有限的,在不可预知和把控的事情上,我们只能顺其自然,这样反而会平静很多。还有一个方法可以让我们减轻恐惧,那就是概率知识。结合现代社会的医疗条件,平均寿命,工作环境的安全程度,自己的年龄,是否有重大疾病等要素分析,也可以确认自己与死亡应该还有些距离,这也可以缓解我们对死亡的担忧。这只是辅助性的认知,真正祛除恐惧,还是要勇敢地面对,时刻做好下车的准备,接受"生命只是一段过程"这样一个现实。就像我们上台演出节目一样,演出结束必定会走下舞台。走下舞台容易,没有什么不舍。而走下生命的舞台,不舍的东西就太多了。未竟的事业、亲人的离别……太多的念想,都会扰乱我们的思绪。想得越多,心态就越不平静。如果我们理解了生死是同一过程,成长的过程也是走向死亡的过程,活一天,离死就近了一天,这样理性地看待生死,对死亡的恐惧会大大地降低。因为,我们一开始就有了关于死的准备,心理就会比较坦然,情绪也会平稳很多。

他很认真地听咨询师的指导,估计头脑中已经产生了风暴。

"你有没有感觉到,我们都在成长。我们可以这样平静地谈论生死,而没有忌讳,说明我们对死亡的恐惧感降低了。"咨询师又问。

"老师,您的方法使我联想起了索甲仁波切在《西藏生死之书》里的观点。认为常人有两种死亡态度:一种是恐惧死亡、否定死亡,把死亡当作避之唯恐不及的事;另一种认为每一个人都会死,死是自然不过的事,没有什么大不了的。可能老师是在引导我以一种平和自然的心态来看待死亡吧?"

"是的,你读的书真不少。"咨询师有些惊讶。

在设想生命还剩一周时间的时候,按理说,生命的紧迫容易使人产生更大的恐惧感,可是他的反应却截然相反,反而不怕了。

这应验了索甲仁波切所引述的:接近死亡,可以带来真正的觉醒和生命的改变。比如说濒死的经验,彻底改变了濒死者的生命状态。其对死亡的恐惧降低,也比较能接受死亡;增加对别人的关怀,更加肯定爱的重要性;追求物质的兴趣降低,更加相信生命的精神层面和精神意义。

以我们的理解,这种对死亡恐惧感的降低,是对死亡的理解和接纳,放弃了抗争,紧张和恐惧也就消失了。这也是由于"放下"所带来的内心松弛,使原本就在的善与慈悲显露了出来。

接下来,咨询师带他做了一个训练。这个训练是针对过去的心理创伤,如果因为过往的某种经历,产生了心理创伤,用这种方法可以有所帮助。

"请你坐好,靠在椅背上,身体放松,闭上眼睛。现在开始做三个深呼吸,每做一次深呼吸,就会感到身体有所放松。请把你的双手合十,指向头部,好。跟我一起说一句引导词:'神奇的宇宙能量,我愿得到您的加持和助力,除去一切疾病和烦恼,开启新的生活。'现在请把过去影响你,使你产生深刻的情绪体验的那个场景在头脑中浮现出来,当那个场景出现时,你会产生相应的情绪,当那个情绪达到最高的时候,你给它打个 10 分,然后随着分数的下降,情绪也会下降。现在开始数数,10、9、8、7、6、5、4、3、2、1、0,在 0 分处再停留 1 分钟。好,一会儿开始数数,当数到 3 的时候,你再慢慢睁开眼睛,当你睁开眼睛的时候,你会感到身体轻松,心态平和,心情比较愉快。好,1、2、3,眼睛睁开了。"这是一个完整的训练过程。

第一次训练结束之后,反馈得知他的分数下降到 7 分左右,然后再做几次训练,最低降到 5 分左右,说明已经取得了一定的效果。让他回去之后每天坚持练习,当情绪的分数下降到 0 分,并且持续大约一周左右都稳定在 0

分时,就可以停止训练了。

通过训练降低了分数,说明他确实有让自己困扰的情景和情绪。因为来访者没有直接介绍其内心困扰的情形,咨询师也不便多问,只要针对那个情景进行训练就可以了。

"这两个月的时间都没有出现问题。只是在第一个月的时候,那种惊恐状况差点就出来了,但是比较轻,被克制住了。"两个月之后,收到了他的消息。

收到这条消息,咨询师真的非常高兴。因为预期会有效果,但是没想到效果会如此明显。惊恐发作是稍有刺激就会发作的,而且已有二十多年的顽固经历,控制是比较难的。只要一个月没有发作都是很理想的成绩,何况持续了两个多月都没有发作。

到第三个月的时候,他反馈消息说,前两天又出现了惊恐反应,不过终究没有真正发作,总体感觉情况有了很大的变化,心情也轻松了不少。

以后,就再也没有反馈消息了,说明已经基本恢复了正常。

这种"意念化解创伤"的方法,主要是利用"意念"和"专注"两种状态,引导来访者逐渐降低对负面情绪的情感反应,通过持续的训练最终消除负性情绪引起的紧张感,使状况逐步趋于好转。

"意念"实质就是人意识上的某种念头,它是非物质的精神意念。国际上,关于意念的作用受到了越来越多的人的重视,也得到了不同学科研究的证实。如布鲁斯·利普顿在《信念的力量》一书中,从细胞生物学的角度,证明意念具有重要的能量。大卫·R.霍金斯在《意念力》一书中,从运动学的角度,证明了意识的能量,并把意识分为17个层级(图5.1)。

迪恩·雷丁在《缠绕的意念》一书中,从量子力学的角度,论证了意念的存在与作用。

意念化解心理创伤,旨在通过意念的引导,发挥自身的调节作用,化解严重困扰来访者的负性情绪,使心态的平衡性得以恢复。多年的实践证明干预后的效果非常好,后面还有该方法的实际应用案例展示给大家。

"意念化解心理创伤"这种运用意念调节情绪的方法,也可以运用在中高考的考前辅导中,可以有效缓解考生的考前焦虑。有一位重点中学的考生,运用此方法后高考排名一下提高了120名,全家人都非常高兴。

任何方法都有其独自的特点和适应性,不是万能的。方法的使用一定要注意其针对性和灵活性,要以实现效果的最大化为目的,可以多种方法同时运用,整体性解决问题。

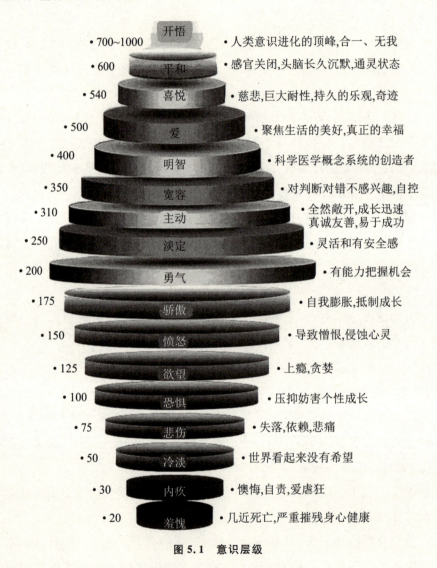

图 5.1　意识层级

第六章　随爱人而去

世事无常，面对各种苦难，我们只能够承受。

"人有悲欢离合，月有阴晴圆缺"，这是必然规律。可是这一必然的规律，落到谁头上都会遭受沉重的打击，甚至会有天都快要塌下来的感觉。

下面要介绍的就是一位正在承受天塌地陷般打击的来访者。

这位女士，四十多岁，在亲属的陪同下来到咨询室。据亲属介绍：来访者因丈夫突然去世，精神受到了打击，去过几个大医院，也看过心理咨询师，不过目前状况还是令人担心。她经常一个人自言自语，情绪明显低落，常说出绝望的话。

咨询师注意到，来访者个子不高，150厘米多一点，不胖不瘦，面色灰暗，目光无神，情绪低落，说话有气无力，给人行尸走肉般的感觉，几乎没有了生气。那种失魂落魄、空洞无神的目光让人不寒而栗，咨询师在看到她的瞬间身上就起了一层鸡皮疙瘩。

落座后，她偶尔抬头看一眼咨询师，随后又把头低下，时而还会自言自语："再也不会回来了……再也不会回来了……"咨询师希望通过引导让她主动介绍自己目前的状况以及过去的经历，她因怕触及伤心之处，不愿再去回忆。

为了获得基本信息，咨询师只能以试探的口吻引出她的话语。

她边流泪边介绍丈夫离去之前的一些情景：原来他们之间感情很好，上下班都是丈夫开车接送，什么事情都依赖丈夫……可是在前几天的一个凌晨3点左右，丈夫突然去世了。

她的眼泪一直哗哗地流淌。

言谈中多次表示,现在真的感觉活着没什么意思,有时候想自杀,不好,对不起女儿,不如得一场大病死了算了。她还讲到在她丈夫去世的头三天她都没有哭,她把丈夫的后事料理得很好。她在回忆那段时间时说,觉得丈夫还没有离开,以至于在送丈夫的骨灰时,由于不认识路,她竟然拿起手机把电话打给了她的丈夫,等电话响了很多声都没人接,她才意识到打电话也无济于事,丈夫已经走了……

结合亲人的介绍和从来访者处获得的信息,评估认为来访者原本的心理状态是不错的,没有过去累积的问题,目前对其影响最大的就是这一偶发事件造成的心理创伤。这一创伤所造成的伤害,不光是对丈夫的思念和悲痛,更重要的是她也不想活了,她想追随丈夫而去。而且这种想法还很强烈。

目前的主要任务是尽快消除她情绪上的困扰,打消其追随丈夫而去的念头,使其走入正常生活轨道。

根据"情绪是在认知基础上产生"的原理,要想转变她的情绪,就需要在认知的转变上多下一些功夫。

"你的丈夫确实还很年轻,走得这么早实在是可惜。你们之间感情那么好,你对他也很依赖,他走得又是这么突然,这对你的打击的确是太大了。"

"嗯,我这些天六神无主,心想随他而去,可是别人都在劝我不能那样想,我还有妈妈,还有女儿在上大学。我要是自杀好像是不负责任,要是能得一场大病,病死就好了。"

"无论是自杀还是得病,归根结底还是想离开这个世界随他而去,是吧?"

"嗯。"她点头表示同意。

"你想过没有,如果你自杀了,你的母亲、女儿,还有其他亲属,他们会是什么感觉?"

"他们一定也很痛苦。"她说话时没有悲伤,表情凝重而阴沉。

虽然说她能想到亲人的痛苦,但是从表情看,那种体验并不深刻,她此时最强烈的情感体验还是对丈夫的不舍与思念。她头脑中有两种认知取向,即留在这个世界还是离开这个世界是非常矛盾的;有两种情感,即对丈夫的思念和对父母和孩子的爱,二者也是矛盾的;有两种力量,即生命的活力和死亡的毁灭还是矛盾的。

总体看,两种矛盾的双方平分秋色,偶尔某一方会稍占优势。目前依然是促使其内心转化的关键期,转化得好,可以留在这个世界,转化不好就可能随老公而去了。所以必须抓紧时间,做好她的认知和情感的转化工作。

转化工作的核心包括两个方面:一是滋生其阳性能量,引导其积极的认知,链接亲情,重新激发其生命的活力;二是阻断其离开这个世界的念想。这两个方面的工作就是当前危机干预的重要内容了,也是头等重要的事情。

"你可以设想一下,你离开了之后,你的母亲在一段时间之内会是怎样的状况?特别是当她遇到一些困难的时候,希望得到其他人帮助的时候,又会是什么样?比如说,在医院里下床需要别人扶一把,吃饭需要有人给送过来,而这时候却没有人在身边。"

她抬了一下头,但是没有回答,神情有些恍惚。

"你再设想一下,你女儿放假回到家里想和妈妈说点心里话,遇到了一些困难想得到妈妈的支持,她取得了好的成绩想让妈妈分享她的喜悦……这个时候假使你不在,又是怎样的情景?"

这两种情景都不需要回答,只需要深刻地体验,唤起她作为母亲和女儿这两种角色的情感和责任,找回支撑她活下去的力量。如果对母亲和女儿的爱足够强大,就可以对抗对丈夫思念的力量,不至于被丈夫带走。当然,来自其他亲人的爱,朋友的爱,同事的爱,以及生活得是否顺遂,对生活是否有兴趣,都是挽留她留在世间的力量。

所以我们打算尽可能通过辅导调动一切可用的资源,形成有利的社会支持,采用整体的策略效果才会更好。为了取得最佳效果,咨询师也做了她哥哥和母亲的工作,让家人给予她更多的关心和支持,但又不要太过,避免引起她的不适甚至反感,一定要顺其自然。

"你对丈夫的思念很深,一方面是因为他走得太早,太匆忙,根本就没有心理准备。如果是年龄很大,因为疾病经过一段时间的治疗和照料,人们往往还能有些心理准备。可是你对丈夫的离开一点心理准备也没有,这种打击确实让人难以承受。另一方面,也因为你丈夫一直以来的确做得很好才让你倍加思念,以至于他的突然离去让你格外难以接受。但是从另一个方面看,你丈夫虽然走得早,走得很匆忙,但是他并没有经历痛苦而漫长的死亡过程,没有遭受到病痛的折磨,用老百姓的话说,这是一生修来的福报啊。

这也说明他不仅是个好丈夫,也是一个好人。人生的价值和意义不是用生命的长短来衡量的,每个人来到这个世界都有自己的使命和时限,这不是我们自己能决定的,完成了使命可能就需要离开了。"

"嗯,他家族的人寿命都不长,年龄最小的 29 岁就离世了。"她主动介绍说。

她的主动搭话说明她对寿命的长短有了一定程度的认识,能够在一定程度上减低她对丈夫过早离世的遗憾。

"你可能还没有从另外一个角度去想,你丈夫好像离开了,但是却并没有完全离开。"

她不解地抬头看着咨询师,似乎在等待出乎意料的说法。

"你的女儿就只是你的女儿吗?"

她不解地看了看咨询师。

"你的女儿也是你和丈夫生命的延续。在她的身体里有你们共同的遗传基因,这不正是生命的延续吗?她不仅延续了你们的生命,也延续了你们两个家族的生命。所以爱你的女儿,也是爱你自己,也是爱你丈夫。人往往很重视视觉信息,重视看到的实体,比如我们的身体。认为身体在人就在,身体不在人就不在了。但很少有人能意识到人的生命依然在以不同的方式延续着。比如生理上的遗传在延续生命,精神层面是以思想观念的方式在延续生命。一些名人、思想家,他们的躯体早已离开了这个世界,但是他们的思想仍然在众多后世人的观念中被延续。你说他真的完全离开我们了吗?其实离开的仅仅是躯体而已。"

这段话意在颠覆其丈夫完全、干净、彻底地离开了这个世界的想法,让她对丈夫的生命还在以不同形式延续有所领悟,让她离开这个世界追随丈夫的念头减弱,她的生命就有可能被挽留。

"你知道×××吗?"

"知道,他是中央电视台的主持人。"

"他得了抑郁症,在五年时间里,曾有过三次自杀的想法,是曾国藩说过的一句话'花未全开月未圆'让他醒悟过来,逐渐好了起来。他领悟了生活要接受现实,接受生活中的残缺和不完美。"

"那我也试试吧。"

她说话的语气不够有力,说明意志并不坚定。虽然说"试试吧"的语气还稍显犹豫,缺少坚定的力量,但也要想到在承受了这样的残酷打击和精神恍惚的状态下,能有想试试的想法,还是令人鼓舞的,起码有了一丝希望,说明她的阳性能量正在滋长。

"嗯,我们要勇敢面对这一不愿意接受的现实,继续我们生命的旅程。我们每个人在人世间的舞台上都是独一无二的角色,都有自己独特的任务,我们要把这个任务完成好。你能更好地生活,是你人生的使命,也很可能是你丈夫的期待和心愿。谁都不能轻易地结束自己的生命,因为那不是自然法则,也不是善的法则。自杀也是杀生和害命,我们没有资格轻易地结束自己的生命。我们人生的核心任务就是维护自己的生命,让它不断地延续。细想我们每日的辛勤劳作,不就是为了生存吗?生存就是人生最大的意义!生存的扩大意义不仅是自己生存,也要让所有的人都能更好地生存,这是生存的崇高意义!你丈夫离世,是疾病造成的,是他无法选择的。而你要离开这个世界则与你丈夫不同,你是可以选择的。你的选择不仅有生死问题,还有责任和道义的问题,不能光考虑自己的感受,还要考虑他人,尤其是亲人们的感受。你的行为会给他们带来悲伤和痛苦,还是幸福和快乐?在这样一个群体社会中,我们不只是为自己活着,也为其他人活着,为了不增加其他人的痛苦,我们必须克服困难,忍受自己的痛苦,这需要一定的勇气和顽强,需要利他取向的和谐意识,这才是人间正道。"

这一段大道理每个人都懂。可令人遗憾的是我们一生所懂得的许多知识,只是知道而已,这些知识并没有对我们的生活起到多大的指导作用。所以王阳明提出了"知行合一"的思想,让知识成为行为的指导,而不是单摆浮搁的概念性知识。这段文字是进一步激发她的责任意识,并把这些意识转化为行动。同时让一些道理成为她的行动指导,增强直面困难的勇气和担当,接受眼前痛苦的现实,消除悲观的负面想法,避免出现意外。

鉴于这次事故对她的打击太大,为了避免触景生情并缓解她的负面情绪,建议她暂时离开家到其他地方生活一段时间。她说女儿也是这么想的,建议她到女儿上大学的城市待一段时间。她也愿意离开家调整一段时间。

法国著名作家雨果说过:"时间是伟大的医生,她可以医治人们心灵上的一切创伤。"根据咨询师的判断,离开家一段时间对于她的情绪缓解应该是很有利的。

考虑到她追随丈夫而去的想法很强烈,单纯的认知调节效果有限,所以决定对她进行意念化解创伤的操作训练,尽快缓解其消极的想法和情绪。

训练过程参照第五章的操作方法。

"请你放松地坐在沙发上,背靠沙发,感觉身体比较舒适。现在,我们开始做三次深呼吸……好,现在请把过去对你有深刻影响的那个场景调出来,当那个场景出现时,你会产生相应的情绪,当那个情绪达到最高的时候,你给它打10分,然后随着分数的下降,情绪体验也会下降……"

在训练过程中发现,当说到"当那个场景出现时",她的表情非常痛苦,眼泪夺眶而出。随着意念疗法的进程,表情逐渐轻松了下来。

第一次训练之后进行反馈,然后开始第二次训练。

当第二次训练结束时,她慢慢地睁开了眼睛,头低着,眼睛向左前方的地面看,并喃喃自语:"好奇怪啊,好奇怪啊……"她的表情好像是看到了什么东西,神经兮兮的喃喃自语让咨询师产生了一种莫名的紧张之感,咨询师一脸疑惑,又起了一身鸡皮疙瘩。

"你看到了什么觉得好奇怪?"咨询师疑惑地问。

"我看不到我爱人的眼睛了。"她说,"他离世的前一天晚上我们在一起,而且我们在一起的场景非常清晰,每次想到那个场景我都会泪流满面。爱人的眼睛每次在那个场景中都是清晰和明亮的,可是做完这次训练之后,爱人的眼睛不清晰了,所以她觉得很奇怪。"

"哦,原来是这样。"咨询师暗喜,这是好事。

本来每次训练结束之后都要汇报一下这一次训练时分数有没有下降,下降到几分,或者了解想象的场景是否又出现了,是否遇到了什么问题等,以便做及时的调整。可是这次训练完还没来得及询问分数下降的情况,就注意到她怪怪的行为反应了。

她的"看不见爱人的眼睛了"这句话,在咨询师看来比分数的下降更有意义。眼睛的清晰,投射出的意义是真实、近距离,具有很强的吸引力。眼睛不清晰,是模糊虚拟、距离远,吸引力较弱。所以这次训练只用了不到10分钟,只进行了两次训练就产生了一定的效果,丈夫的眼睛由清晰到不清晰的转变,是丈夫的吸引力弱化的体现。这是一个充满希望的转化的开始。

咨询师的信心也开始增强了。由于时间关系没有进行更多次的训练,让她自己回去以后坚持训练,相信她一定会逐渐好转起来。

当她站起来客气地打招呼并走出咨询室时,咨询师明显能感觉到她的

第六章 随爱人而去

状态与刚进咨询室时有了明显的变化,就像一个完全瘪掉的篮球又充满了气体一样,有了一定的弹性。

一个多月后这位来访者打电话要求再次进行咨询。在电话中能听出她的讲话声音较大,语言清晰、流畅,说话客气有礼,对具体的时间及事项安排都很有条理,感觉与第一次见面时那种失魂落魄的状况相比有了非常明显的改观,能量增强了。

见面后观察到,她脸上的阴云不像第一次见面时那样厚重,已经散去了很多,并略微带一点笑容,讲话也比第一次见面时要顺畅很多。第一次见面时负面情绪汹涌,思绪不宁,以至于语言犹豫,不知从何谈起。这一次她清楚地表达了自己的看法,她说:"上一次咨询之后,感觉很好,心情较之前也明显轻松。可是回去不到一周婆婆就去世了,自己又一次陷入悲伤之中。"

同时她也介绍最近和母亲的关系不太好,总是和母亲吵架。她认为可能是觉得母亲照顾自己就像照顾小孩子一样,让自己感觉很不舒服,自己并不习惯被那样优待。她也知道母亲是在照顾她,是为了她好。但是她就是不喜欢母亲的那种做法,让自己太不舒服了。所以就冲母亲发火,过后又后悔伤了她的心,心里更加难受。她说自己早上不愿意吃稀饭,母亲却总是做稀饭,还让自己多吃点,所以心里感觉有点别扭。告诉母亲别做那些,可她就是不听。诉说过程中一直有眼泪流出,时多时少。

经问问了解到,她现在和母亲住在一起,离开了原来居住的城市,并且又找了一份工作,换了工作和生活环境。但是因丈夫离开的那种伤痛始终没有结束,只是不像最初的时候一心想追随丈夫而去,极端的想法逐渐消失了。她现在的最大想法就是活下来,为了女儿也要活下来,另外不能死在母亲的前面,那对母亲的打击也太大了。

在谈话中她又流露出这样的想法:"我有时候也想,我活着的理由到底是什么呢?"

前后矛盾性的话语暴露出其内心的矛盾。也就是说为了孩子和妈妈活下来是她的理性选择,是人的社会属性在起作用;可内心追随丈夫而去的想法并没有完全消失,这是非理性的情感使然,是自己的内心体验。说明她一直在"留下"和"离开"的选择中徘徊,只是"留下"的意志在目前略占主导地位而已,如果又有其他刺激,二者之间的倾斜也会发生逆转。所以我们的辅导工作还是要不断强化其"留下"的动能,阻断"离开"的意念。

这次咨询进行得比较轻松,是在原有咨询基础上做再一次强化,巩固以往的咨询成果,化解遇到的新问题,比如她与母亲的矛盾等。同时也要化解亲属的担忧,他们都担心她再出现问题。因为南方有个习惯,在冬至日是她丈夫入土之时,她的亲属担心她在这个时间节点出问题。

　　她的状态已经出现了好转,相信这种向好的趋势会一直延续下去,中间可能会出现一点反复,但应该不会产生大的逆转。所以这次咨询重点是规划未来一段时间的工作和生活,让她对生活感到有期待、有奔头、有价值、有意义。比如,女儿毕业后打算在哪里工作,女儿成家后有了宝宝你可以帮忙带孩子,享受天伦之乐;你也可以规划将来要游览祖国的哪些地方,领略祖国各地的奇特风光和风土人情,品尝不同地域、不同民族的美食等。当她对生活多了一些追求和欲望的时候,生活就有了新动力。

　　还和她一起分析兴趣的重要作用,引导她想办法强化原有的兴趣,不断培养新的兴趣,要学会给自己找乐子,每天都哄自己开心,如多听幽默、搞笑的段子,看能让自己开心的视频,也可以看有启发意义的影视作品,参加各种感兴趣的活动,试着拍照,发朋友圈,录视频,上抖音……兴趣相当于生活的调味剂,有了兴趣生活才有滋有味,人的精神状态也会显得更加有活力。

　　与母亲的矛盾需要调节双方。母亲没有来现场,可以通过她的亲属代为向母亲转达。母亲对女儿的爱永远是滚烫的,但是不要过度,过度了会让女儿感觉不舒服,一切顺其自然就好。另外要顾虑到女儿的需求,不要想当然地去做,这样母亲的爱心就会得到更恰当的表达。

　　女儿也要理解母亲,理解才能生爱,爱是一切良好关系的催化剂。同时给她一个不生气的小妙方,这个小妙方没有讲太多道理,只是告诉她如何做。

　　以下就是小妙方的内容:

　　(1) 加强修养开阔心胸(平时的日积月累);

　　(2) 命令自己不能生气(这是目标,也是命令);

　　(3) 生气是最吃亏的事情(不生气的理由);

　　(4) 生气像炸弹,先炸自己,后炸别人(吃亏的原因);

　　(5) 生气时不讲话、不做决定;

　　(6) 生气时及时觉察,气就会很快消散;

　　(7) 生气时暂时离开生气的环境,过一会儿气就消了。

第六章 随爱人而去

这个妙方的第一条是最根本的,如果这条做到了,其他就自然能做到。因为开阔的心胸能看淡世间的一切,以善良的心对待一切事物,不主动攻击别人,不与他人争名夺利,不为占有而强取豪夺,认识到人生所遇皆是缘,以和为贵,做到理解和谦让别人,一般都不容易生气。

妙方的第二条是在第一条做得不太到位的情况下的权宜之计,这一条对绝大多数的人是有效的,它实质上就是第一条的实践。这一条把"不生气"作为目标和命令,就是"坚决不能生气"。如果真能把"不生气"作为目标,很多气就生不起来。回忆一下过往所生的气,就是该生气就生了,觉得理所当然,从来都没有控制过。甚至有时觉得生气并与对方对着干,是不忿的表现,哪里会想到把不生气当作第一目标呢!

妙方的第三条是对第二条"命令自己不能生气"的解释,也就是为什么把"不生气"作为重要的目标,并命令自己不能生气。这是因为"生气是最吃亏的事"。我们平时经常干最吃亏的事不是太傻了吗?现实生活中绝大多数人都是这么干的,可是没人觉得很傻,反而觉得再正常不过。这也是我们在这里特意作为很重要的一条提出来,让人们警醒不干最吃亏的事的缘由。提醒了,知道了,就不生气了,也就达到了目的。

妙方的第四条是解释为什么生气是最吃亏的事情。把生气比喻成一颗炸弹在自己的胸中爆炸,先炸掉自己再炸别人,以这种形象的方式让她理解生气的巨大危害,理解为什么说生气是最吃亏的事情。

真实的情况也确实如此,人在生气时,神经和内分泌系统、呼吸系统、消化系统、心血管系统等都会受到不良的影响。民间常说"气得我肝疼肺子肿",这一点都不夸张,的确有人气病了,有人甚至立刻被气死了。影视作品中这样的场面很多,在日常生活中也经常出现。生气对人身心的伤害不用科学证明人们都能意识得到。生气不仅仅伤自己,也会伤到别人。生气时说出的话都是伤人的,如果动手,不是打人就是砸东西,很多人因为一时气愤而闯出大祸,造成家破人亡、妻离子散,所以生气百害而无一利,绝对不能生气。

在这个小妙方中,要求重点做到的是第二至第四条,至于第五至第七条,能够尽量做到就更好。

这个不生气的小妙方有利于化解与母亲的矛盾,也有利于在今后的生活中保持平和的心态,对所有人都是有利的。

咨询的最后又和她探讨了生死问题。虽然我们能感受到她有了改变，状态已经有所好转，但是她想离开这个世界的念头还在，需要进一步去除。

"你爱人走了，离开了，你以为你就能永远在这个地球上吗？永远会天各一方的分离吗？"咨询师问。

"我将来也是要离开这里的。"她回答。

"是的，我们所有的人最终都会离开这里。如果我们离开这里后都要到另外的地方，是不是又会相遇了呢？所以分离与相聚都是暂时的，一切都在变化。你以为你死后把你们的躯体埋葬在一起，就是和他在一起了吗？错了！躯体是我们肉眼能看见的，但那不是人的全部。就像我们看到电脑的外壳，以为那就是电脑；可更重要的软件操作系统你却没有看到。躯体活着叫身体，死后就成了尸体。无论叫什么，最终都要回归水和泥土。不要太看重这些，躯体就像衣服，把两件衣服放在一起，人就能在一起吗？当你的念想超越了躯体的存在，你想离开就离开，想在一起就在一起。只要你心里有他，他就永远在你心中。也不要因为他让你现在的生活受到影响，你有你人生未走完的路，有你该去做的事情，升起你对亲人、朋友，以及更多人的良善之心，做好当下该做的事情，那样才能不留遗憾地离开这个世界。正像王阳明临终前所说：'此生光明，何以复言'。"

经过两次辅导，她的变化很大。几个月之后过了冬至日，她的亲属说她已经度过了最艰难的时期。咨询师一直牵挂的心也就放了下来。

世事无常，面对各种苦难，我们只能选择承受。这位女士还是很坚强的。

第七章　频繁地洗手

只要心中有梦想，就会有无穷的力量。

咨询师多年前接待了一位外地来访者。这位来访者是一名高二的女生，由于心理问题正在休学治疗。父母带着女儿去了国内好几家知名的大医院，被诊断为重度抑郁症。治疗一段时间仍不见好转，一家人都非常着急。

说来很巧，第一次见面时是以"笔迹分析"与她建立的良好咨访关系。在她填写表格时，咨询师看到她书写的字迹心中就有数了。咨询师把所观察到的信息综合起来，在访谈还没有进行时就对她的状况做了推测性的描述。

女孩听到咨询师对她状况的推测描述后表现得很诧异，她带着疑惑的眼神望着咨询师，心想我还没开始介绍，你怎么就什么都知道了。

在接下来的访谈中咨询师能明显感觉到她的态度非常积极，会把想说的话一股脑地说出来，话语多而流畅。

咨询师通过访谈了解到：她的问题是从高一开始出现的，表现为学习效率低，学习成绩下降，排在年级的倒数几名。她原本是一个好学生，学习一直比较优秀，现在一下子落在后面，很难接受这样的现实。

她说自己写作业很慢，有时思维像停顿了一样在某处打转；她平时不愿意接触他人，很少和同学在一起玩；很多原来感兴趣的课外活动也都停下来了。

最令人奇怪的是她有一年多不去外婆家了。按照习俗过年过节是一定要去看外婆的,可她就是不能去,说是不敢去。为此爸爸妈妈也很为难,因为过年是家人们团聚的日子,怎么能不回去看望老人呢?可是孩子就是不去,那也只能一家三口都不去了。

不仅自己不去外婆家,就连去过外婆家的父母碰过的东西她都不能够触碰,说是害怕。他们坐过的椅子、沙发,使用的座机电话、门把手……她都无法接触。打电话时是妈妈拿着话筒,她才能够对着话筒讲话;开门都是用脚踢,无法用手碰;吃饭时不能和父母坐在一起,要单独坐在另一处;情绪非常容易激惹,每天至少要与父母吵一架;经常反复洗手,一洗就是几十次,手都被洗破了;怕血,见到血就特别紧张;食欲和睡眠尚可;喜欢文科,擅长演讲和写作;喜欢弹钢琴,愿望是考上大学进一步深造,有强烈的上大学的意愿。正因如此,她想尽快走出困境。

她的情况很复杂,要具体界定为什么疾病呢?

单纯用某一病名去概括很难,它是一种综合症状。不过在我们了解更多的信息后,总会有一个整体的判定,可以依据这个判定采取有针对性的措施。

通过观察了解到她的脸色略苍白;说话声音较小,语言表达流畅;话语多,诉说父母的"罪状"时滔滔不绝,声音也随之大了起来;行动稍缓,与父母互动少,不是很亲密。

通过深入访谈了解到她的家庭很完整,父母就她一个女儿,生活条件不错。父母也不经常吵架,只是对女儿的期望较高,要求也比较严格,加之由于工作繁忙与女儿的沟通和交流较少,导致家长情绪急躁,批评和责怪的时候较多,经常产生矛盾,有时候还会说出令人伤心的狠话。每每提起这些,女儿总是痛哭流涕且泪流不止,孩子与外公外婆关系也不错,曾经有一年的时间就生活在外婆家。只是有时外婆有些唠叨,经常督促她学习让她觉得很不舒服,她对自己的期望也很高,是争强好胜不肯服输的性格。

为了更深入地了解还有哪些对她产生重要影响的事件,咨询师决定为她做一次催眠。催眠很顺利,没有一丝阻抗。中学生一般心思都比较单纯,很容易进入催眠状态。

在回溯催眠中,她想起了在幼儿园的时候和小朋友玩滑梯,不小心摔倒,导致头部磕破流血;还有一次跟随家长去医院,看到一个推送急诊的移动病床从身边快速滑过,那个患者满脸是血,让她感到很害怕;还有一次在外婆家看到外婆做家务时手被剪刀划破流了很多血,也感到很害怕。也许她所回忆的这些经历就是怕血的原因吧,当然这也仅是一种分析和猜测,不一定准确。

根据对她的症状和成长经历的分析,对问题形成的原因大致进行了如下判定:她的总体状况应该属于严重的心理问题。具体依据是:情绪和行为的困扰已经使她痛苦不堪,社会功能受损,如学习和生活都受到了严重影响,基本的人际交往如和亲友、同学、朋友等都受到了影响;同时表现出情绪低落、兴趣减少、意志薄弱、自卑、敏感、多疑、思维迟缓、强迫观念和强迫行为等症状。

那么她的问题该如何解决呢?

我们可以用钥匙开锁做个比喻。如果给你一把锁,再给你一串钥匙,你能否一定能打开这把锁?钥匙选得不对打不开;能开锁的钥匙根本就不在这串钥匙里也打不开;钥匙虽然选对了,但是对不准锁孔还是打不开……

可见开锁也是不容易的。这里可以看出,方法的针对性才是最重要的。要想使方法更有针对性,就必须搞清楚问题主要来源自哪里,或者说问题是由哪些因素构成的。

概括地整理出以下几个方面的可能性:

第一,与父母的不良关系。

何以见得亲子关系不融洽呢?几次咨询中占用时间最多的就是女儿"控诉"父母,眼泪也因此流得最多。从访谈中了解到她父母的文化水平不低,只是对女儿的理解不够,教育方法也不太得当,期望值太高,唠叨太多,脾气急躁,特别是当女儿已经出现了心理问题也没能及时察觉给以特别的关怀。

比如,由于强迫观念,女儿写作业的速度很慢,作业要很久才能完成从而影响睡眠,家长总是不停地催促,造成女儿更大的情绪波动,也增加了她的心理压力。

再如,女儿反复多次洗手被父母认为是做事拖拉,没有意识到这是强迫行为,属于心理问题,反而经常责备她导致经常吵架。

还有女儿控诉母亲不关心自己,只在乎自己的工作,每天下班很晚,还经常加班,有时喝多了晚上回来还哇哇直吐,女儿看到母亲这个样子就很生气。

女儿控诉父亲说话难听还总爱吼叫，有一次父亲说，你再洗手就把你从楼上扔下去。这句话女儿一直记着，每每讲到此处泪水就会喷涌而出。

家长在孩子已经不能上学的时候才意识到问题的严重性。

第二，对老师的不满。

有些事情对于成人来说并不是什么大事，可是对于一个学生来说可能就是一件很大的事情了。她叙述的第二个伤心的事情就是在一次演讲选拔过程中，她没能够代表学校参加全市的比赛，老师推荐了另外一位同学参加，让她觉得不公平，认为是老师偏心。因此她一直觉得很委屈，每谈起此事眼泪就流得特别多。看得出来这件事对她来说也是一个难解的心结。

那位老师是否真的不公平？真实情况我们无从了解，我们只着眼她的感受就可以了。她的负性情绪正是来源于她对过去发生的事件的看法。

第三，理想与现实的矛盾。

她是一个进取心和自尊心都很强的学生，当她非常努力地学习也无法达成自己的理想目标时，内心的焦虑、急躁、失望、自卑、苦闷就会随之而起，进而影响学习的效率导致考试成绩越发不理想，这是一个恶性循环。即心态不好影响学习，学习成绩不好又进一步强化了不良心态。

也许有人会想，让她休学或者放弃学业，这个压力可能就不存在了。对于不想学习、没有学习目标的人来说这也许是可行的，但是对于一个有着大学梦想的学生来说，让她放弃学习就是放弃梦想，在没有其他梦想可以替代的情况下，这样做很可能导致人的绝望并带来危险。

第四，三次看到出血的经历。

初步了解到她曾有三次看到流血并感到害怕的经历。尤其是她在医院急诊室看到的场景在她的心灵中留下了"怕"的记忆，对她心理产生了极其消极的影响。在多年的咨询中发现几乎所有的来访者都有过"怕"的经历，如怕父亲、怕母亲、怕老师、怕学习、怕考试、怕达不成目标、怕伤自尊、怕未来的某种悲观的预想，怕……这些"怕"无论是单一的还是复合的，对来访者来说都是破坏性的打击。

那么她的问题该如何解决呢？

首先，在完成信息收集和形成基本分析之后，用生活化的语言向来访者和家长介绍问题的性质和形成的原因。下面是大体的内容介绍：

通过信息收集，我们对孩子的情况有了初步的了解。就目前了解到的情况来看,孩子的问题比较多,并且已经严重影响到了学习和生活,不过在问题之外我们也看到了很重要的积极因素,那就是孩子有很强的"考上大学"的梦想,这一梦想成了她成长的重要动力,也是克服困难走出困境的重要动力。

这一梦想是解决问题的一剂最好良药。她在困境中能够主动寻求各种帮助,体现出较强的成长动力,也表现出了很强的要走出困境的意愿和决心。有了动力、决心和意志,再加上对她采用有针对性的综合咨询方法,问题解决的可能性是很高的,这有赖于我们各位的共同努力。

其次,改变家庭的互动模式和氛围。你们一定很清楚,孩子的顽强努力是解决问题的关键,但是还远远不够,你们一家三口的关系一定要更加顺畅和谐,使孩子的心理危机得到良好的环境支持。

虽然父母也意识到了自身的失当之处,但是并没有想到她的很多问题都是心理原因造成的,习惯性地把她当成正常孩子来看待,难免情绪急躁,话讲得难听引发口角,使家庭氛围和亲情关系都受到了影响,这对孩子的成长和学习都是不利的,今后一定要改变父母的教养方式。

咨询师留给家长的作业就是要更深刻地读懂孩子这本书,更深刻地理解孩子的这颗心,在认识和行为上做出符合孩子期望和需求的改变。

谈到父母的改变时发现孩子的脸色比以前红润了,表情也轻松了,说明孩子内心中确实是有所期待的,她的喜悦由心而发并挂在了脸上。

说起改变容易,做到改变却很难,要做到改变需要深刻理解改变的目的和意义,也就是要从内心深处改变自己的认知,把改变变成明确的目标和指令,当作必须完成的任务。同时要明确要改变的是什么,没有改变的具体内容,改变就会沦为空谈。

那么这对父母需要重点改变的是什么呢?

首先,要意识到孩子已经是一个有严重心理问题的孩子,她的情绪和行为与普通孩子是不同的,需要被特殊理解和对待。比如,她洗手次数多,情绪波动大,写作业和洗澡的速度很慢等,都是心理问题的行为表现,而不是叛逆,更不是心理逆反。同时也要意识到孩子心理问题的产生是多方面因素相互作用形成的,不是孩子自己造成的。家长的心态和不当的教育方法也是很重要的外部原因。当我们认识到这些,家长对孩子的责备与埋怨就会减少,怒气也会逐渐消散,双方的矛盾也会相应减少。

其次，努力改变自己的负面情绪，尽力做到不生气、生小气、快消气。咨询师给他们听了一个事先录制好的大约10分钟的"如何做到不生气"的音频资料，如果三个人都能努力约束自己，减少不必要的矛盾，控制自己的脾气，一家三口的心理压力都会减少很多，有利于心态趋向良好。

三是父母，尤其是母亲，把生活的重心由原来的上班工作暂时向照顾孩子方面倾斜。多抽出时间陪伴孩子，少在饭局中喝酒应酬。特别是要陪同孩子一起锻炼身体，多开展一些户外活动，因为身体的良好机能是孩子身心恢复的一个重要因素。

四是有意利用各种机会与孩子增进感情，不需要讲太多的话，只要用心默默地付出，谁都能感受得到，心到佛知。

由于心理问题的复杂性，解决问题的方法也必然是多元和综合的。在这个案例中综合运用了许多方法，在这里只能概括地加以介绍，不便于详细描述。

通过前期分析咨询师了解到孩子与父母的关系不良，几乎每天都会吵架，每次咨询都在控诉父母，觉得从父母那得到的正能量少而负能量却累积了一大堆。咨询师想通过转化关系来转化情绪，把负能量转化为正能量。为此咨询师对女儿与父母做了几次特殊的训练。

其一是"母女对视"。

起初是女儿站在椅子上，母亲蹲在地上，两人的眼睛互相对视大约1分钟。然后调换位置，母亲站在椅子上，女儿蹲在地上，互相对视1分钟。结束之后分别介绍自己的感受。

女儿说："我看到了一双带有泪水，且慈祥的眼睛。"

母亲说："我看到了含有泪水，带着愠怒的目光。"

说着，母亲的泪水一下子就涌了出来，泪水中饱含着慈爱、辛酸和苦涩，它是母亲柔软的情感语言，预示着心的转变。确实母亲对女儿的理解又加深了很多，女儿也能更多地理解妈妈。

生活中人们很少以这种方式看着对方，很少去揣摩和理解对方，总是习惯于以己度人，根据自己的想法发号施令，要求对方。假使真正读懂了，理解了对方，人们在交往中就会感觉很舒服，所以人们喊出了"理解万岁"的口号，呼唤人们之间实现真正的理解。

理解能够引发同情，理解能够生出慈爱，理解能够消解怒气，理解能够疏通阻滞,理解能够润滑人际关系,能够把负能量转化成正能量。

这个训练的时间不长也不复杂,但它有助于母女之间亲情的疏通,增强正能量,消除负能量。

其二是"父女下棋"。

女儿对父亲的怨恨比母亲还多,尤其是心中一直记着父亲说要把她从楼上扔下去的那句话,耿耿于怀。她也知道父亲是爱她的,但平时与父亲的交流很少,不愿意与父亲沟通。

咨询师在与女孩的谈话中,让她理解与父亲的沟通是缓解压力、化解负性情绪并获得正能量的重要方式时,女孩非常配合,表现得很积极。

她主动产生了与父亲下象棋的想法。

"我喜欢下象棋,爸爸也愿意下棋。"女孩高兴地说。

"那好,你和爸爸有空就下象棋。"

女孩的状态真的令咨询师非常高兴。她能想到这一方法,既表现出解决问题的积极主动性,也表现出有能力找到合适方法的智慧,这是非常有利于她走出困境的条件。

一段时间父女俩经常没事就下象棋,父女间的坚冰也在慢慢地融化。要注意这不是普通的玩,而是在增进感情、化解坚冰、抚慰心灵,所以咨询师有一些特殊的嘱咐。

让父亲理解下棋的目的主要是增进父女间的感情,让女儿快乐起来;要使女儿从对心理问题的担心转移到感兴趣的事情上来,每天快乐的时间多了,不快乐的时间或者说抑郁的时间就相对少了,这就是利用一切机会消解负性情绪。所以任何一项活动都具有多重作用,不是单一的。

让女儿快乐的不仅是下棋过程本身,还要让女儿有更多赢棋的机会,以使女儿对下棋更有兴趣,获得赢棋的成就感和满足感,增强她的正能量。所以有时候父亲在下棋时要出现一些"小失误"。

其三是"系统脱敏"。

这次训练是在催眠情境下进行的。咨询师很快把她导入到催眠的状态,通过语言的引导,在催眠状态下进入父亲的房间。虽然从面部表情上看她面容纠结有些难为情,但是并没有拒绝。进入房间后,让她拿起桌子上的报纸,再摸摸桌子是否光滑,然后再引导她把手放在桌子上,停留1分钟,之后再让她坐在椅子上。这些操作完成后虽然面部表情表现出一定的紧张、纠结和不情愿,但是依然都按咨询师的指令做了。这也许是因为她太相信咨询师太想从困境中走出来的缘故,她的决心和克服困难的毅力得到了唤醒,虽然心里难受,但还是忍住了难受的折磨,按咨询师的要求做到了。

这次训练只是消除其"不能碰"的一个开始,是一次突破,并不试图彻底根除她的心理障碍。

其四是"满贯疗法"。

在一次父女俩下棋时咨询师走过来坐在她和父亲中间,拉起她和父亲的手说:"你们俩的手不也碰到了吗?只不过是通过一个中间的链接"。女孩有些紧张。紧接着咨询师使劲拉过来他们俩的手让他们碰到一起,爸爸当然愿意,可是女儿的小手像触电似的使劲往回拉,差一点就抽回去了。咨询师没有松手,硬是将他们的手碰到了一起。刚刚碰到,女儿的手又神速地抽了回去。

无论怎样神速地抽回,"不敢碰爸爸的手"这个现象已经被瞬间打破了,有了突破性进展。突破仅仅是一个好的开始,并不意味着问题已经得到解决,仅是向好的方面的一次初步尝试。

还有一次训练是在父亲的房间里。咨询师带她到父亲的房间,突然抓住她的手稳稳地按在父亲的办公桌上,起初她使劲往回抽,但是没有抽回来也就放弃了努力。她的手足足按在桌子上有2分多钟。

最重要的一次训练是在外婆家里。她已经有一年多不去外婆家了,说是不敢到外婆家。母亲说因为女儿不敢到外婆家,他们去年过年都没有回去,他们今年争取都要回去。南方是腊月二十四过小年,母亲和女儿说咱们全家过去看外婆吧,但女儿表示不想去。母亲想通过咨询师的帮助让孩子能够与他们一起去外婆家。

咨询师想这是一次很好的训练机会,应该让她有一个突破性进展。咨询师试图通过电话远程指导让她去外婆家,她表示不想去,咨询师马上说那这次老师陪你一起去你就不会害怕了,她没有再表示反对。于是就在小年那天咨询师与他们一家三口去了外婆家。

仔细观察她在外婆家时的状态,除了说话不多之外并没有什么特殊的紧张反应。刚吃完饭她就跟咨询师嚷嚷着要回家,咨询师说不急,你父母还没吃完饭呢。其实也是想尽量让她在外婆家多待一会儿,用真实的体验去纠正或者是转化她的"怕"。

不敢去外婆家不是也去了吗？虽然有咨询师的陪同，但毕竟是一次"心"的突破。"心"的突破和转化在不断地进行着，正能量依然在不断地生长着。

这些训练并不是一次进行的，是为了便于理解才把这几次训练放到一起来讲。这几次训练都是围绕与父母的心灵和情感沟通以及消除惧怕心理展开的。

有人内心一定会有疑问，不是说心理咨询要在咨询室进行吗？咨询师怎么都去了她外婆家？因为咨询师的具体疏导方法与写在书本上的那些教条不一样，后面还要介绍很多不一样的方法。咨询师不仅去了她外婆家，还去了他们家，甚至还建议他们家换了新地板。

心理咨询的主要任务是解决问题，在遵守法律、道德和科学等原则的基础上，只要有利于问题的解决，所有合适的方法都是可以尝试的，尤其是遇到难以解决的特殊问题，我们更要以科学的精神和哲学的头脑来解决问题，不能被书本上的教条所束缚。

在这个案例的操作上咨询师就没有按照书本上的要求，按照每周一次，每次一个小时的频率进行，而是根据解决问题的特殊需要合理地进行安排，以期达到效果的最大化，提高工作效率。在咨询时间的安排上，第一次由于访谈任务重，大约进行了两个小时，然后根据第一次的咨询情况和问题的严重或复杂程度，再进行后续的日程安排。后续的辅导间隔会逐渐拉长，可能是每周一次，也可能是三周一次或者一个月一次，让来访者逐渐摆脱对咨询师的依赖。

向大家提出一个问题："每周必须来做一次心理咨询"和"逐渐拉开咨询的时间间隔、远离心理咨询师"，哪种设置更合理？

也许大家以前从来没有思考过这个问题，只记得书上讲的心理咨询每周一次，每次50~60分钟，几乎所有的咨询师都这样做。我认为合理的做法是：心理咨询的设置应该以效率最大化和效果最优化为前提，而不是照搬书本上的教条。

很多书本上的东西都来源于西方的医学模式，我们采用的是心理学、中医学与社会学相结合的整合模式。试想如果每周来咨询一次，来访者到访本身就意味着他还在问题之中，还没有被治愈；如果逐渐远离咨询师，则预示着他的问题在逐渐趋于好转。两种不同的设置会产生不同的心理效应，这本身就是咨询的手段和方法。况且有些来访者问题并不是很严重,一次咨询就能有很大的转化,间隔一到两周再来是完全合适的。这有利于来访者节约时间和金钱成本,也有利于依靠自身的恢复能力早日走出困境。

前面讲到建议他们家换地板的事也是咨询方法的运用,准确地说应该叫作暗示法。事情是这样的:咨询师应约去他们家后发现他们家的地面是老式的水磨石,颜色灰暗而且比外面的楼梯间还略低一些,从楼梯间一进门就感觉一脚踏入低矮之处,有向下行的不舒服之感,再加之地面的颜色灰暗,很容易让人产生低沉压抑感,所以建议他们加装一层强化地板,并且地板的颜色要浅一点、亮一点的。时隔几周之后再去他家的时候,新地板果然装上了,房间显得明亮了许多,家人的笑容也多了起来。

难道换地板也是心理咨询的方法吗?也许会有人有此疑问。咨询师是这样考虑的。

首先,从房间明暗的角度分析,明亮的环境能够提高人的兴奋度,灰暗的环境则会降低人的兴奋度;从生理上来说,灰暗的环境使人的腺体分泌一种叫作"褪黑激素"的物质,会让人产生睡意。另外,从楼梯间走进自家房间,能够明显感受到进入了一块低洼之处,暗示我们在向下走。如果把房间都装上浅色的地板,既可以使房间明亮起来,也会使地面稍微加高,这两个问题就同时解决了。这种想法也兼顾到大多数中国人思想中带有的神秘主义色彩,相信有某种未知的神秘力量存在,会给人带来影响。一些风水大师的存在也正是迎合了人们的心理需求。基于这样的考虑,提出的建议立马就被采纳了。

换地板的方法主要有两个预期作用:一是通过环境的改善提高全家人的情绪兴奋度,增强愉悦感从而减少矛盾,有利于家庭的和谐;二是暗示装完地板后不利的环境得到了改善,家庭矛盾和孩子的问题将会逐渐得到解决,增强了全家的信心,燃起了希望,全家人的正能量都会因此得到增强。

很多人可能都看过武打片《霍元甲》,霍元甲的拳法"迷踪拳"并非传统的拳法套路,却是克敌制胜的法宝,招招致命,曾打败了很多武林高手。记得叶圣陶先生说过:教学有法,教无定法,贵在得法。心理咨询也是这样,贵在能够有效地解决问题。

这里介绍的"换地板"法是针对这个个案设计的,不可以随便在其他个案中作为一般性方法运用,去谁家都要求换地板就出笑话了。讲到这里大家应该想到,与方法相比方法的指导思想更重要。那么这一方法背后的指导思想是什么呢?就是要以解决问题为根本目的,通过相关要素的有效调整,化解消极情绪,提高积极情绪,实现心理的转化,恢复心理的平衡,问题也就基本上得到解决了。

在女孩的转化过程中,还有件事值得一提,那就是"乐乐"的出现。"乐乐"是女孩家养的一条京巴狗,在访谈中了解到她感觉很孤独,又不能经常和别人交流,所以很想养一条狗,她非常喜欢京巴。但是妈妈表示反对,因为养狗是需要付出辛苦的,谁来侍候它呢?孩子自己都自顾不暇,能把狗养好吗?权衡多方利弊,咨询师还是建议尊重孩子的愿望,可以养狗,但是要和孩子约定主要由孩子来照顾狗的日常,如果她能答应就可以让她养。

妈妈同意了这个建议,孩子知道后非常开心,因为她有这个愿望已经很长时间了。咨询师嘱咐孩子说,妈妈同意你养狗了,但是你要知道是你自己提出要养狗的,明白养狗意味什么吗?是要"养",而不是单纯地看狗、逗狗。同时也给她"打了预防针",狗有时也可能会自己走丢,年龄大了也会死掉,那时候你会不会因此而受到巨大打击?要做好心理准备。

女孩抬头看着咨询师似乎有些发愣,估计原来没有考虑那么多,只想着狗的可爱,没想到这个"养"并不是很简单的事情,是要付出劳动和辛苦的,包括吃什么,住在哪儿,粪便如何处理等。她想了一会儿之后,答应可以自己饲养。

不久后家里多了一条狗,取名叫"乐乐"。三个人没事就和狗一起玩,可爱的狗狗也逗得他们很开心,家里的氛围改善了很多。尤其是女孩烦闷的时候,逗逗可爱的乐乐,她的注意力可以有个转移的方向,对缓解内心的压力助益不小。

难道养狗也是咨询方法?是的。这是因为孩子没有朋友,与家人也沟通不畅,导致情绪低落、抑郁、焦虑,养一只自己喜欢的宠物,就是多了一个可以交流的朋友,可以转移对问题的注意,丰富生活的乐趣;同时也让三口之家多了一个共同的关注点,有利于情感的沟通,宠物的积极作用还真是不少。

接下来要介绍的是解决问题的两个最重要转变。

其一是转变三口之家的亲子关系。

孩子的哭诉足以证明她内心的烦恼和苦闷,不仅是通过控诉的语言,她那喷涌而出的泪水更是无声的呐喊。我们直接感受到了她内心的汹涌波涛。如果把三口之家的亲子关系调整好，关系得到疏通，内心的矛盾得到缓解，正能量得到提升，能量的阴阳状况就会实现相对的平衡，心理问题也会逐渐消失。

一家三口坐在一起，咨询师就开始做认知、行为方面的转化和调节工作了。通过语言阐述让他们明白，任何问题都不是凭空出现的，都是关系的产物。比如，一棵树生了病，我们不能光在树身上找原因，也不能仅是给树打针、吃药，要对与树相关的要素进行分析。比如是阳光照射问题、土壤问题，还是水质问题、昆虫问题等，只有我们找到了具体影响因素，才能对症施策，系统性地解决问题。

从孩子的现状及形成心理问题的因素分析，与父母的矛盾关系应该是导致心理问题的重要的因素之一。为了改变这样的不良关系，三个人都需要做出自己的改变。

上一次父母答应要改变自己，从反馈得知父母确实都有所改变，但是还没有达到孩子的期望，仍需继续努力。咨询师进一步向他们提出了一些明确的要求，并落实到今后的日常生活中。三个人都表示赞同，并且态度都非常认真。

首先，要理解女儿的现状，给予更多的支持。父母要在这段时间里多了解一些与心理学相关的知识，这既可以加深对孩子的了解，读懂孩子这本书，也可以改善自己的心理状态，有助于一家人共同成长。

其次，三人都要努力控制自己的情绪，不能随意乱发脾气，深刻理解发脾气的危害，努力控制自己。向他们传授了不发脾气的技术。

第三，母亲要多抽出时间来照顾女儿，减少不必要的饭局和应酬。事实上在孩子好转的过程中，母亲的转变会对女儿起到至关重要的作用。母亲自己学习了很多心理学的知识，性格也有了很大改变，原来比较急躁也很唠叨，现在能够把爱心转化成耐心，默默地承担很多责任，经常陪孩子一起散步、打羽毛球，以前陪客人的饭局也基本上都不参加了。

女儿认可母亲的转变，虽然也还会有争吵，但是较之前少了很多。

父亲的成长相对较慢，有时说话难听让女儿很不满意，咨询师提醒父亲要努力改进。

第四，女儿也要改变，要理解父母的爱心，也要理解他们的负面情绪。

无论如何女儿都是晚辈,要敬重父母懂得感恩。从内心中滋生出对父母和亲人的爱,爱是足金的正能量,只有正能量才能把她从困境中带出来。感恩和爱看似是对别人,实际上是来访者自身生成的感恩和爱,是属于来访者自身的正能量,她已受益却全然没有察觉而已。细想当我们滋生出对别人的爱,首先获益的难道不是我们自己吗?是我们自己先感受到了爱的温暖和幸福,所以得和失是很难计算的。当我们对父母、亲人和其他事物付出了爱,首先是在我们的内心产生和升起的,所以它所滋养的是我们自己的正能量和幸福感。

让她把对父母的怨和恨转化成感恩和爱,试想当她处在最危险的状态时谁会冒生命危险保护她?一定是父母。无论他们说过什么和做过什么,内心的真实想法都不是去坑害自己的孩子,只是方法不当或是脾气不好而已。理解了他们,爱就容易在内心生成,只有爱才是最好的方舟,带她脱离困境走向彼岸;只有爱才是最好的良药,助力她心境的转化。

以上的认知与行为调整的内容是结合不同场景分别进行的,有的内容不只是一次性的阐述,也可能进行了多次强化。在这里只是把这些内容做一个系统的阐述,不是情景再现。

其二是使用"翻页技术"卸掉心理的负能量。

心理有问题的人一般都是正能量与负能量的比例失衡,是负能量成了主宰造成的,也就是《黄帝内经》所说的"偏阴偏阳谓之病"。那么负能量是从哪来的呢?负能量来源于过去所经历的对自己的身心造成伤害或者影响的事件,以及伴随事件所形成的看法、态度和情绪,尤其是恐惧、愤怒、怨恨、悲伤、耻辱等负性情绪,是负能量的主要来源。

虽然一些负性事件早就成为了过去,但由于记忆的缘故,这些事件的情景依然保留在我们的记忆之中。长时间心境较差的人,习惯于回忆过去发生的那些容易产生负性情绪的事件,每回忆一次内心就痛苦一次,常常咬牙切齿、悔恨交加、暗自流泪。也正是由于回忆的缘故,本来是一次性的事件却千百次地被重复和无限放大。每一次复习都是一次巩固,所以这些负性事件在头脑中保存得非常牢固扎实。也正因为记得牢固,所以非常容易被唤起,形成恶性循环。

心理有问题的人往往活在过去的负性记忆之中,活在过去的负性情绪之中,很难活在当下。而过去的负性情绪所造成的悲观消极状态也会使人对未来抱有消极的看法,丧失信心,甚至悲观绝望。

"翻页技术"是一种心智操作,是用一种新的心智模式重构原有的心智模式。使用翻页技术,就是要摆脱以往负性情绪对当前的影响。

具体的操作模式是:

(1) 理解心理问题产生的主要根源,是过去经历过的事情或者对该事情的认知所产生的负性情绪所致。如果有条件把过去的矛盾问题给解决了,内心的困扰也就化解了,心中也就可以释然了。如果时过境迁没有任何重新解决的机会,那么我们只能通过调整对过往事情的认识和态度,在一定程度上做到释怀,从而实现情绪的转圜。

(2) 把化解消极情绪作为第一目标,重新看待过去所发生的一系列不愉快的事情,我们的情绪状态会有明显的不同。

比如我们在回忆过去的事件的时候,常常用公平、得失、荣辱、权利、地位、贫富、尊严等不同标准,衡量与自己相关的各种事件,就会产生不同的情绪反应。比如一个好学生,从来都没有被老师批评过,偶然有一次被老师当着全班同学的面狠狠地批评了一顿,试想她的情绪会是怎样的?如果产生了负面情绪,她看待老师的批评可能使用了什么标准?如果她能够以不产生负面情绪为标准,她的情绪状态又会如何?

再比如亲人突然离开了我们,我们极其容易陷入悲痛的情绪中,并伴随懊悔和自责。总是在想如果……怎样怎样……是否就不会如何如何……掉进自责、遗憾等负性情绪之中使身心深受影响。当我们把化解消极情绪作为首要目标,看问题的角度就会完全不同。比方说如果想到他走得太早了,刚刚开始过好日子就走了,太令人遗憾了,内心苦楚的情感就会油然而生。如果想到人各有命,也许他在这个世界停留的时间就这么长,该离开就离开了,人早晚都是要离开的。当我们理解了生命的无常,可能就不会有那么多的自责和遗憾,不得不接受这个不情愿的现实,情绪也会缓和一些。

(3) 实现心理的翻页。所谓翻页,就是过去的事情就让它过去,别总围绕过去的事情纠缠,不去品味、咀嚼以往的那些困扰我们情绪的本该扔掉的垃圾,让我们真正做到活在当下,过好活着的每时每刻。

可是翻页是不容易的,不是说翻就能翻过去。理解前面讲到的第一点,知道翻页的目的和原理,增强翻页的自觉性和动力性。否则过去那些沉重的"页码"是翻不动的,它会随时在我们的脑海中出现,形成理所当然的习惯。所以我们的翻页还要使用技巧。

所谓的技巧就是意识到翻页是必须完成的一项任务,是我们大脑的一项指令,当过去的情景又浮现出来的时候,根据我们的任务和指令轻轻地提醒自己:"过去的事情就让它过去吧。"注意,当过去的情景再次出现的时候,不能够硬挡着不让它出来,因为我们根本挡不住它,所以只能以软挡的方式轻轻提醒就可以了。出来就出来,不要太在意它,时间长了它出来的次数自然就会减少了。如果硬挡而挡不住,会让我们产生挫败感的苦恼情绪,时间久了会形成强迫倾向,即越是害怕、不希望它出来就越是会出来,让人非常痛苦。

(4) 虚化负性事件。我们对过去所发生的负性事件,往往记忆清晰刻骨铭心。如果我们把化解内心的消极情绪作为第一目标,可以试图虚化过去发生的事件,把负性事件看成似是而非、类似梦境般的模糊状态,不把它看成绝对的真实,所产生的情感体验就会降低很多。

比如我们做了一个可怕的梦,惊醒之后发现只是一个梦,我们的恐惧情绪很快就消失了。如果我们把过去发生过的事情也当做梦一般看待,看成非真实的,负性情绪也会有所降低。

虚化过去的事件,也可以把对过去的某一负性事件从多种可能的角度来解读,那么原来自己那种唯一的归因理由就不充分了,负性情绪也就不会那么顽固了。

比如,一个人小时候被父亲打了,于是总是怪罪父亲,以为他不爱自己。如果想到当时父母正在吵架,父亲在气头上,刚好自己做的某件事激怒了父亲,父亲的怒火就冲着自己发过来了,是父亲的一时冲动,就不至于耿耿于怀一直记恨在心而反复伤害自己了。所以换个角度看待某些事情,就不一定像自己原来想得那么坏,情绪也会有积极的改变。再比如,如果某人的贵重物品损坏或是丢失了,老百姓常用一句话来安慰,即"破财免灾"了,就是让我们不要把这件事完完全全看成一件坏事,也可能是好事,这样一想负性情绪就不会再那么强烈了。

面对一家三口,咨询师讲了很多道理,目的在于助力整个家庭一起成长。咨询师对这个女孩持续跟踪了不到一年的时间,开始时是一周咨询一次,后来两三周一次,再后来就是一两个月一次,间隔的时间越来越长。由于后期很长时间不再联系,直到女孩考上了大学母亲才向咨询师汇报这个好消息,咨询师当然非常高兴。

对于一个具有多重严重心理问题,且已经不能正常学习的孩子来说,能够重新回到学校并能够考上大学,确实是很不容易的事情了。至于什么时候开始不再反复洗手,敢去外婆家了,敢于和父母有肢体接触了,咨询师都没有给予特别关注。之所以没有太关注,是因为明白这些现象随着紧张情绪的消退都会随之消失的,反正早晚都会消失。

有人可能有疑问,案例写得不是很详细。这是因为本书的主体是介绍基于本土文化的心理咨询的方法体系。只有掌握了方法体系,咨询师的功能才能真正强大起来。其实要真正解决问题,很多方法都是现场生成的,咨询师要具有强大的方法整合能力以及创造的能力。

单纯靠模仿来运用某种方法解决问题大多都很难对症,效果往往不佳,徒有形式。就像某位新教师看似也忙了一堂课,但是学生掌握了多少知识呢?掌握的又是不是重点知识呢?所以我们要掌握知识中最核心的内容,才能举一反三,触类旁通。

不知读者朋友们注意到没有,看似咨询师在这个案例中使用了很多方法,其实最重要走出困境的动力来源于个体内部,即"想上大学"的梦想,是梦想的驱使让她紧紧抓住了"咨询师"这颗"稻草",并经过顽强的努力脱离了苦难的煎熬。

小女孩那种克服困难、努力追求梦想的精神也深深地触动和鼓舞了心理咨询师。

第八章　东方的道路

心理学的第一个故乡在中国！

东方文化圈的很多学者几十年来一直在探索构建具有东方文化特点的本土心理学。比如,吉林大学的葛鲁嘉教授在本土心理学研究方面,倾注了几十年的心血,取得了一系列的研究成果。他在《心理学本土化:中国本土心理学的选择与突破》一书中说:"本土心理学应该立足本土深厚的文化土壤和社会根基……中国心理学的发展不应该仅仅是对国外心理学的修补和改进,也不应该仅仅是对中国历史传统中的心理学思想的解释和解说,中国本土心理学真正需要的是寻求本土化的心理学根基和心理学资源,并立足这种本土文化中的心理学核心内容来构建真正属于中国本土的创新心理学。"葛鲁嘉教授的探索和倡导,对于我们在心理咨询本土化方面的探索起到了非常重要的激励作用。

心理学本土化运动中的一个分支是中医心理学。30多年来,已经有不少著作出版。

在心理咨询方面,东北师范大学的刘晓明教授于2015年发表了一篇关于"中国人的心理智慧与东方心理咨询模式的建构"的文章,提出了东方心理咨询应该遵循两条原则:一是要体现出中国传统文化的"人本化"理念,坚持"以人为本"的原则;二是东方心理咨询模式的建构,要体现出中国人的思维方式,坚持整体观、变易观、和谐观和阴阳观的原则。并且提出了东方心理咨询模式的建构,应着重考虑的三个维度:其一,根据中国传统文化"重整体,倡导天人合一"的理念,东方心理咨询模式的建构应引入生态维度,将人与社会、自然统一起来,克服个体与他人、社会及自然万物的疏离;其二,根据中国文化"重伦理,倡导道德至上"的理念,东方心理咨询模式的建构应引入价值维度,通过内省、修身、静心、养性,提升人的精神境界;其三,根据中国传统文化"重家族,倡导家国同构"的理念,东方心理咨询模式的建构应引入关系维度,在人与人的关系中达到"齐家、治国、平天下"的目标。刘晓明教授的观点,既反映了对中国文化传统和中国人心理特点的深刻思考,又反映出心理咨询的哲学与社会学的取向。

台湾的一些学者们也在进行本土心理学方面的研究。如陈复教授把阳明心学应用于心理咨询的实践,提出了阳明智慧心理咨询,使心理咨询具有了厚重的东方文化底蕴以及别具一格的实践操作范式。

在心理咨询方面,体现东方心理咨询倾向的文章见诸各种杂志和网络的非常之多,给心理咨询工作者留下了宝贵的理论财富。国人的前期探索为本土心理学的发展打下了坚实的基础,为今后的咨询技术的发展创造了良好条件。我们应该有弘扬中华传统文化的责任感和使命感,依托中华传统文化所给予我们的自信,探索并形成具有东方文化特点的本土心理咨询技术。

我们学习的现代心理学的确来源于西方,可是很多人并不清楚中华传统文化思想也影响了西方,比如荣格的心理学思想就深受中华文化的影响。1935年瑞士著名心理学家荣格在伦敦的国际分析心理学会议上说过:"我们欧洲只是亚洲的一个半岛,亚洲大陆有着古老的文明,那里的居民按照内省心理学的原则训练他们的心灵已有好几千年的历史了,可我们的心理学呢,甚至不是昨天而只是从今天早上才开始的。亚洲的那些居民具有一种神奇的洞察力。为了研究无意识的某些事实,我不得不研究东方……我要研究中国和印度……心理学可以向古代文明尤其是印度和中国学到很多东西。"

德国翻译家卫礼贤于1920年回到德国后,把翻译成德文的《太乙金华宗旨》书稿送给他的好友荣格,请他写序言。荣格在序言中这样写道:此书首度将我引入正途,我之所以这样说,乃因在中世纪的炼丹术中,我们可以发现一条我们长期探索的联系之环,它系联古代的诺斯替教与我们可观察到的现代人的集体无意识之历程。在悼念卫礼贤去世的文章中,荣格写道:卫礼贤做的可不是一件小事,他为我们展示了一幅包容一切、色彩斑斓的中国文化画卷。更重要的是,他传授给我们能够改变我们人生观的中国文化精髓。

现代西方科学深刻地影响了我们,古老的中华文化也在一定程度上影响了西方。1840年鸦片战争之后,由于西方列强的欺凌,加之西方的政治、经济、科学和文化的影响,国人的自卑心理陡然而生,一直延续到现代。以至于一段时间都不敢谈及中华传统文化,好像中华传统文化就是封建、腐朽和落后的代名词,甚至有些人极力主张取消中医。由于一些人的自卑心理导致的盲目崇拜,完全忽视了我们中华文化的精髓,忽视了我们的祖先曾留给我们的宝贵的精神财富。

心理学作为科学的样式形成于西方,如果从1879年科学心理学诞生之日算起,也就140多年的时间。而中国早在2000多年前的《孙子兵法》和《黄帝内经》中就有对心理学思想的应用,广泛存在于中国乃至东方的佛学更是关于研究人"心"的理论学说。宋、明时期的陆九渊和王阳明创立了具有中国文化特点的心理学思想"心学"。

心理学在中国虽然没有形成西方那种科学的样式,但是心理学作为一种思想在中国,乃至东方一直得以应用。如佛学思想告诫我们如何调节自己的内心来摆脱痛苦获得内心的宁静,走向幸福的彼岸。《孙子兵法》的用兵之道浸透了丰富的军事心理学思想,如"兵不厌诈""不战而屈人之兵"等。《黄帝内经》中蕴含的心理学思想更加广泛,书中阐释身心是一体的,提出了五志与五脏相互影响的关系。如"人有五脏化五气,以生喜怒悲忧恐""怒伤肝,喜伤心,思伤脾,悲伤肺,恐伤肾""阴平阳秘,精神乃治"等。

正是由于中国有丰富的心理学思想和在实际生活中的应用,美国著名心理史学家墨菲才会说:"心理学的第一个故乡在中国!"说心理学的第一个故乡在中国,不是为了抚慰我们的自卑感,更不是沾沾自喜,而是要理智地探寻我们中国的心理学思想,特别是中国的心理咨询应该走一条怎样的更加符合中国实际和更加有效的康庄大道。这就必须考虑到我们的服务对象是在中国文化或者东方文化的背景下,形成人格特征的特殊性和我们所处时代的现实性,以及传统文化与现代科学为我们提供的种种可能性。当我们把这些渊源梳理清晰之后,一条清澈的东方心理咨询之路就尽收眼底了。

中国人的人格是华夏文明与世界文化相结合的产物,具有不断发展的时代特征。比如21世纪出生的人与20世纪五六十年代出生的人相比,物质生活和精神文化条件都发生了翻天覆地的变化,人的心态也相应发生了很大的变化。现在的青年人更加活泼、乐观、自信,更能平视这个世界。时代的变迁、地域的不同、民族的差异,我们中国民众在中华文化的熏陶下形成了具有中国特色的共性特征,而这些特征是我们在研究心理咨询方法时必须加以考虑的。

关于中国人人格的相关研究有大量的资料可供参考,国内外众多专著和文献阐释的观点也众说纷纭,莫衷一是。如斯密斯在1890年出版的《中国人的性格》一书中对中国人的性格做了比较全面的阐述,有正面的肯定,也有负面的评价。林语堂的《吾国与吾民》、柏杨的《丑陋的中国人》和王志刚的《大国大民》等,都对中国人的性格有着不同看法。在这里我们不做比较研究,只谈我们的看法。

从心理咨询的角度去分析中国人的性格,关注的角度与社会学者自然不同。社会学者往往从更宏观的视角去审视中国人,比如认为中国人聪明、勤劳勇敢、英勇顽强、吃苦耐劳、艰苦奋斗、勤俭节约、安分守己、遵守纪律、克己奉公、家国情怀、团结协作、牺牲精神等。心理咨询关注的则是不同的性格特点对心理问题的形成会有什么影响,以及在解决问题的过程中需要注意哪些性格因素,这些性格因素对于方法的选择具有怎样的指导意义等。基于这样的角度,我们选取了部分中国人的性格特点在这里加以分析。

1. 辩证思维

所谓辩证思维,就是在思考问题的时候更加重视从事物的整体、关系、联系、发展和变化等多角度出发,比如好和坏是相对的,正所谓"祸兮福所倚,福兮祸所伏"。逻辑思维认为1就是1,2就是2,1+1一定等于2。辩证思维则不然,认为1也可能不是1,2也可能不是2,1+1在有些情况下可能就不等于2。

中国人的思维具有明显的"辩证思维"的特点。比如,"天将降大任于斯人也,必先苦其心志,劳其筋骨,饿其体肤,空乏其身,行拂乱其所为,所以动心忍性,增益其所不能。"含义是身在困境是对身心的一种磨炼,用这种艰难困苦的极端条件来锤炼人的意志品质以待来日堪当重任。这就是把坏事转换成好事的一种辩证思维。

中国人的辩证思维使看问题的角度更多,思维灵活发散性强,又善于归纳总结,容易在诸多现象中发现事物的本质或是找到更好的解决问题的方法,所以中国人的创新能力非常强。

中国人辩证思维的特点,提醒我们在心理咨询中要注意运用辩证思维,这样有利于多角度考虑问题,容易找到解决问题的办法,有利于自我解决问题,这是好的一面;另外一面却是由于考虑问题的角度过多,思前想后辗转反侧,容易把简单的问题复杂化,从而造成额外的压力,这对问题的解决是起阻碍作用的。

中国人的辩证思维特点提醒我们,在面对国人进行心理咨询时,使用哲学的或是认知的方法不仅是可行的,而且效果可能会更好,因为中国人的辩证思维能力很强。

2. 好面子

"好面子"是中国人的典型特点,已经得到了广泛的认同。比如,佐斌在《中国人的脸与面子》一书中认为,"脸面"对于中国人非常重要,他写道:"在中国人的生活中,面子可谓无孔不入。"斯密斯和鲁迅在他们的著作和文章中也都描写了中国人"好面子",以及拼命维护自己的"面子"的行为特征。鲁迅的《说面子》,胡先缙的《人情与面子:中国人的权力游戏》等书中,都对"面子"进行了阐述。

从心理咨询的角度看,"好面子"是自尊心比较强的表现。"好面子"心理能够促使人不断努力进取,获得一定的成绩,得到社会的认可和亲友的赞誉,让自己更有"面子",来保护自己的自尊心。这时候的"好面子"对人的成长和发展起到了积极的促进作用,是一种正能量。相反,在力不能及时为了保全"面子"而不得不采取"哗众取宠""虚张声势""装腔作势""弄虚作假"等方式进行掩盖,就是负能量的表现,更有甚者则会产生一些回避的行为,如不出门见别人,不参加活动,不参加考试,用这种方式来维护自己的"面子"进而造成社会功能的退化,这是由于过于"好面子"而造成的心理压力把自己挤压成了畸形。

在心理咨询过程中,我们既要考虑中国人"好面子"的普遍心理,也要考虑"好面子"的个人特点。要具体分析来访者"好面子"的程度,有的"皮糙肉厚",有的"面薄如纸",在指导语言上要把握好分寸,以免让一句话造成系统性的破坏导致咨询无法进行。同时也要照顾到来访者的陪同者的感受,顾及他们的"面子"。

所以我们在询问的时候,面对一些吞吞吐吐的情况或是难以启齿的问题不要急于去了解,要给他们留有余地,顾及他们"面子"上的感受。在评论或是督促他们行动的时候,也要多加顾虑来访者"好面子"的因素,语言的直接、婉转与艺术要有机结合,这样才能既传达信息又能避免伤及"面子",以利于咨询进程的顺利开展。

3. 暗示性

如果有人知道你是安徽人并且和你说"安徽的茶叶不错啊",这句话的含义在不同的场景下就会有不同的解读。如果是普通人,这句话可能就是真实的表达。如果你有求于对方,这句话可能是真话,也可能是在暗示想要茶叶的想法。

在中国的文化语境下,暗示的表达方式多种多样,不胜枚举,多数人也会从暗示的角度去理解,这就增加了中国语言的复杂性,说话"拐弯抹角",用斯密斯的话说就是性格的"油滑"。

斯密斯身为外国人在中国待了40多年,他通过观察中国人的暗示性特点后写道:"经过与亚洲各民族不太长的接触之后,我们发现,他们的天性与我们的根本不一致——事实上,这两者是分别处于相反的两极。"斯密斯没有把中国人的"暗示性"作为一个主题来写,只是在他写的"油滑的才能"这一章节中,谈及中国人的表达方式不直接时提到了"暗示"。他讲了一个例子,春节的时候一个熟人前来见他,做的某种手势似乎有着深奥的含义。他用手指了指天,又指了指地,然后指了指对方,最后指了指自己,一句话也没说。斯密斯丈二和尚摸不着头脑,搞不懂是什么意思,请对方谅解。对方以为他能够很容易知晓他希望借些钱用用的意图,而且希望保密,只有"天知""地知""你知""我知"。斯密斯想用这个例子说明中国人说话不直接,喜欢拐弯抹角,这与西方人的说话风格完全不同。

他说中国人骂人都拐弯抹角,常带有暗示性:他说"东西"字面上的意思是指两个方向,也代表某一样物品,而称某人"是东西"是骂人,"不是东西"也是骂人,同样说某人不知"南北"意思也是"东西",也是在骂人。

这些拐弯抹角其实是暗示,没有明说。西方人完全不能理解中国人这样的表达方式,这也是中国人或者说是东方人的一大特征,我们是因为"身在此山中"才没有觉察出有什么特别,可在西方人看来这个特征就非常突出了,认为与盎格鲁-撒克逊民族是截然相反的两极。

中国人的拐弯抹角或者说是充满暗示性的表达,作为一种人格特征是有认知基础的。我们知道语言是思维的外衣,它体现了人的思维特点。中国人的暗示性表达方式正能体现出中国人的辩证思维特点,即我说"天"你就应该想到"地",你说"天要下雨了"你就应该想到"带一把伞",这些都能体现出中国人的辩证思维,有别于逻辑的直线思维,有着立体的多维性特征。

正是由于中国人的辩证思维特点,这种含蓄的暗示性语言在中国社会并不难理解,然而对于外国人可就不然了。中国人说话的"暗示性"特点对于我们心理咨询来说,就是要充分考虑来访者的这一性格特征。比如,在信息收集的过程中,来访者常常用"暗示"的方式来表达自己的观点,如果我们不能理解这一点可能就忽略了一些重要的信息或者是把信息搞错了。比如询问一位同学:

"你与父母的关系如何?"咨询师问。

"还可以吧。"她回答说。这很可能暗示关系不是很好。

"你经常和他们电话联系吗?"咨询师进一步询问。

"平时很少联系,只是有事情的时候才联系,没什么可说的。"从她回答中能感觉出她与父母的情感交流不够,亲情淡薄。

"暑假你准备回家吗?"咨询师继续询问。

"我想在学校看看书,再到周边转转。"她回家的心并不迫切。

"你还记得在这之前,父母做的哪件事让你记忆犹新?"咨询师进一步询问。

"有一次家里的钱少了,爸爸就说是我拿的,对我打骂了好长时间。"说话时她的情绪变了,眼眶里含着的眼泪马上就要掉下来了。

对于这位同学的进一步询问是因为通过她的回答"还可以吧"捕捉到亲子关系不是太好才开始进行的,以便洞悉她内心深处的心结,以便采取有针对性的方法解开心结,这样来访者的某些心理的症状才能得到治愈。

了解了中国人的"暗示性"特征,也可以利用这一特征施以暗示性的方法。比如看见某人下巴上长了一颗"痦子",然后说你的"痦子"和某位伟人的"痦子"都是长在相同的位置,听者就会暗自高兴,这颗"痦子"可能会给自己带来好运,将来一定很有希望。

再比如在本书的第七部分内容中介绍过"换地板"的事情,就是运用暗示的方法。这样的方法在中国有效,在西方就不一定适用,其中一点因为中国人易受暗示,另外一点就是中国人大都了解"风水"的民俗。更换完地板从直观感受上能感到房屋的地面增高,加上浅色地板反光系数更高会使得房间更加明亮,对人的视觉体验有直接的影响,所以运用这种方法会给一家人都带来积极的情绪体验,同时也就对抗了消极的情绪,有利于家庭氛围向愈加和谐的角度转化。

4. 谦虚性

"谦虚"是中国人的传统美德,也是非常明显的性格特征。中国人的谦虚与中庸思想有关,即做事不能太过,"过犹不及"是我们耳熟能详的话,时刻指导着人们的言行。中国人的一切性格特征无不打上中国文化的印迹,以儒家思想为核心的中国文化对人在总体上是以控制为主的,即为了达到阴阳平衡的境界就要对人的思想和行为进行控制,尤其是行事不能"太过",认为"过犹不及",要以"中庸"为原则,实现不偏不倚恰到好处,无过之而又无不及。

为了达到控制目标就要"存天理灭人欲",就要做到"四平八稳"不冒进。中国人在"中庸思想"的影响下形成了独特的行事习惯,如在待人接物时要做到谦虚懂礼,要注意言行得体。在听到别人对自己的夸奖和赞美时,人们习惯于表示谦虚,往往会说"哪里,哪里!""不敢当,不敢当!""过奖了,过奖了!"等。而接受别人的夸奖和赞美就是"自大""翘尾巴",意味着有骄傲自满情绪或是缺乏教养。中国人在与人交际时讲求"卑己尊人",举止庄重,谨慎从事,说话委婉含蓄,习惯于谦虚谨慎。

在汉语里指导人们要谦虚的成语很多,例如,"谦虚谨慎,戒骄戒躁""满招损,谦受益""虚心使人进步,骄傲使人落后""是非总为多开口,烦恼皆因强出头""出头的椽子先烂""树大招风""人怕出名猪怕壮""枪打出头鸟"等。所以在公开场合,中国人大多不显山露水,不过于张扬,说话留有分寸,这是谦虚的性格使然。外国人常常把中国人的谦虚理解成不说真话不诚实,这是由于不了解中国文化造成的误解。

其实谦虚在中国也是一种"礼",是在交往中顾及别人的感受,不要刺激和伤害到对方,不让他人感觉到不舒服,或者心生妒忌。这也是"和"文化思想在中国人骨子里的体现,时刻注意"和谐",不伤害他人,不破坏关系的和谐。谦虚是善意地缩小了自己以及与自己相联系的事物,目的是尊重别人,以免引起他人的不适。它不是不说真话的谎言,并没有恶意。

那么理解中国人的"谦虚"性格,对心理咨询有什么指导意义呢?

理解了中国人的谦虚性格,在心理咨询过程中可以分辨谎言与谦虚的区别,避免造成误解,错怪对方。

比如,在一次高考之后问一位家长孩子考得如何,家长在微信中回复说"考得不好",等到见面详细了解情况之后才知道,根本不是"考得不好",反而考得很理想。如果理解了中国人的谦虚性格,就能理解家长说的"考得不好"不是在说假话,而是一种"谦虚"的说辞。但是如果不能理解这种"谦虚"的表达方式,内心就会产生反感的情绪。所以说理解很重要。理解语言不光要理解语言的内容,还要理解语境中的文化因素。

再比如,在咨询过程中,如果学生说"老师,我可以试试",在中国谦虚文化的语境下老师应该窃喜,这个学生可能是一种谦虚的表达,他很可能已经有了尝试解决问题的思路,并且具备一定的信心。

中国人的"谦虚"和"委婉"以及"暗示"对心理咨询师提出了更高的要求,外国人如果在中国做心理咨询师将会困难重重。

理解了中国人的谦虚性格,咨询师在咨询过程中千万不能"王婆卖瓜自卖自夸",这会令人反感甚至会有人怀疑你是以自夸的方式在掩盖自己的水平不高。所以要想让来访者对心理咨询师形成良好印象,产生咨询效果上的期待,最好是由他人来推介、引荐,效果会比自夸要好。

在谦虚文化的语境下,心理咨询师无论面对来访者还是陪同来访者的人,都要更加谦虚和谨慎,表现出应有的尊重,这样更会有利于良好咨询关系的建立。

5. 顺从性

"顺从性"也是中国人的性格特点之一。斯密斯说中国人是这个世界上最顺从的民族,"逆来顺受,随遇而安,缺少反抗精神"。这是他在19世纪90年代的看法。直到现在中国人的这个性格特点在一定程度上依然还在,中国人比较听话守纪,服从大局。

中国人的"顺从性"与中国的"和"文化息息相关。"和"是中国人的重要价值取向,"和"即是"和合",是指万物之间是相互结合、相互联系的,这种结合和联系达到"和谐"的状态是最理想的。中华的传统文化认为宇宙是一个整体，万物之间都是相互联系的。人与自然是"天人合一"不可分割的。万事万物都遵循阴阳平衡、和谐共生的理念，"和"才是正道。

"和"是中国文化的重要元素，作为传统观念指导人们的行为。比如，"和为贵""和谐""和平""和和美美""和睦相处""和气生财""和则两利"等，即是语词概念也是指导人们行为的重要观念。"和"也是"阴阳平衡"和"中庸思想"的延伸和拓展，也是"天地人"和谐共生思想的体现。

西方人不了解，以为中国人也像他们一样信奉达尔文的"丛林法则""弱肉强食"。中国人则不然，中国人信奉的是"和谐共存"思想。所以800多年前郑和下西洋开启的是商贸之旅，是国际之间的友好交流，而不是对他国土地和资源的掠夺，不搞殖民主义。

和谐共生思想一直是中华民族的主流文化，我们一直秉承同周边各国和睦相处的原则，主张人与人之间要和睦相处，邻里间要互助，同事间要相互关照，遵纪守法，遵守社会道德和规章，维持社会和自然的和谐。

中国人的"顺从性"除了与"和"文化有关，还与中国人的另一种品质"忍耐性"有关，历史上中华儿女在各种艰苦卓绝的条件下所展现出的"忍耐性"足以令后人感到无比的骄傲和自豪。在各种艰难困苦和极端不利的情况下，中国人都表现出了超乎常人的坚韧品质，如红军的两万五千里长征，上甘岭战役顽强狙击敌人的战士，长津湖战役中战士们在零下40摄氏度的雪地里潜伏了三天三夜……

在人际交往中如遇到矛盾，大多人更倾向于忍耐。如"忍辱负重""忍气吞声""忍一时风平浪静，退一步海阔天空"……发生人际矛盾时中国人之所以"忍"，是为了求"和"，"和则两利，斗则俱伤"。也正是因为"和"，中国人在行事时秉承谦虚的原则，不想因为突出自己而伤了别人的"面子"，时刻注意不伤"和气"，不愿破坏关系的和谐。

从一定意义上说，"顺从性"是"和文化"与"忍耐性"的外化，或者可以说是更直观的表现。没有"和"的理念指导，没有"忍"的意志品格，就不会表现出"顺"的行为习惯。没有内在的"忍"就不会表现出外在的"顺"，它是中国人对阴阳理论的内在理解外化于行为的体现。

中国人把水看成"阴"的典型代表，"上善若水"，水至阴至柔，水利万物而不争。水的状态是顺势而流，随境而变，与人性的"顺"极其相似。这种"顺"并不仅仅表现为软弱，而是为了不争。这是对"道"、对规律有深刻认识和理解的体现。如同水般,中国人一旦奋起抗争,就会像惊涛拍岸翻江倒海一样,激发出极大的能量,荡击一切污泥浊水,呈摧枯拉朽之势。

"顺"就像太极拳,在柔软舒缓的动作中蕴含着极强的能量,只是含而不发,一旦发力则威力无比。所以这种"顺"是"顺其自然""顺势而为",是一种修养。看似软弱却并不缺乏能量,是对能量的有效控制和内敛的体现。所以任何性格都有其形成的文化基础,绝不是凭空而来的。

理解了中国的阴阳理论,就会理解中国人的"顺",也才能够理解为什么中华文明五千多年来一直能够源远流长,皆是源于中国人的人格是与"阴阳平衡""顺其自然""上善若水"这样的"道"紧密相连,具有顽强的生命力。

19世纪的斯密斯未必能够认识到这一点,他把中国人的"顺"理解成了"性格软弱",看成一种缺点。

那么理解中国人所具有的"顺从性"特点,对于心理咨询的意义在哪里呢?

理解了"顺从性"的特点,有助于我们在咨询时把来访者的问题放在"中国人一般是比较顺从的"这样一个大背景下来考虑。比如一个高中生前来做咨询,咨询师发现孩子不听父母的话,经常和父母争吵,脾气暴躁。依照对中国人性格的理解,知道中国人大多是比较温顺的,虽然也有个体差异,但是总体上孩子还是听家长的话的,不会无故主动发生争吵。如果排除生理疾病等原因,首先能想到的就是家庭关系出了问题。因为在中国的文化背景下孩子一般都是比较听话的和顺从的,如果不是遇到了一些特殊的状况,大多数时候会选择忍让和顺从,而不会选择和家长争吵或是对着干。

所以,如果孩子出现了与家长在情绪上的严重对立并且斗争比较激烈,就要从父母与孩子的关系上去查找原因。一般来说必然存在着各种各样的隔阂与矛盾,而这些隔阂与矛盾将孩子本可以培养的"顺从性"变成了"对抗性",使孩子陷入难以平静的情绪困扰之中。当我们理解了中国人的"顺从性"特点,面对孩子的"反抗性"就知道去哪里找原因了。找到了原因,解决的方法也会随之而来。

理解中国人的"顺从性"性格,就可以理解为什么有些来访者并不是自愿前来寻求帮助。有的大学生是辅导员建议过来的,有的中学生是父母再三动员才来的,就因为"顺从性"才听了辅导员的话,就因为"顺从性"才听了家长的话前来咨询,并非主动自愿,而是不得已而为之。这种情况下进行的心理咨询效果会大打折扣,西方的心理咨询可能就不会出现这种情况,因为个人的咨询行为是由个人做主的。

在中国做心理咨询首先就需要了解来访者是主动前来咨询还是被人劝说前来的,更有甚者是被家长强行带过来的。咨询师可以针对不同的主观意愿采取不同的沟通策略,施以不同的方法。比如,有的人会不想主动讲话,不愿意介绍自己的情况,也不愿意配合咨询师的工作,这些都需要我们有心理准备,也可以用些特殊的方法进行准备工作。

比如有一个青年是妈妈陪同前来咨询的,他来之前就跟妈妈说:"我可以到咨询师那里去,但是我一句话也不会说。"

来访者一句话也不说怎么做咨询?咨询师还是尽力而为,试探着使用沉默的方法,看看是否能够对他有所影响。咨询师给他播放了一首蔡琴的歌曲《把悲伤留给自己》,听歌的时候发现来访者没有明显的情绪反应,不过妈妈已经是满眼泪花了。接着给他看了一个《22岁黑社会青年的演讲》的视频,这个视频是介绍一个22岁的青年如何在妈妈的教导下通过学习《弟子规》而开始转变的。看视频的过程中他没有讲话,但是流下了眼泪。咨询师内心非常喜悦,因为他的眼泪泄露了自己内心的感动,咨询终于有了进展。离开咨询室的时候孩子只说了句"再见"。

理解性格的"顺从性"就可以知道有的孩子前来咨询是出于顺从家长的意愿,不是主动自愿的行为,给予孩子充分的理解和有针对性的疏导后咨询也许会取得一定的效果。

6. 责任性

斯密斯在1890年就认为中国人具有"责任与守法"的特质,并且作为一个独立部分来谈。他当时看到政府的工作人员以及其他岗位的工作人员做事都很尽职尽责,他觉得非常不可思议。这些人在工作岗位上长时间加班工作,表现出了非常强的责任担当力。

现在看来我们中国人依然具有这种"责任性"的性格特征,并且这种"责任性"是中国几千年的文化传统积淀下来的产物。在漫长的文化积淀中,我们根植于内心的修养是"责任重于泰山""忠于职守""守土有责""责任担当""尽职尽责""在其位谋其政""精忠报国""国家兴亡匹夫有责""位卑未敢忘忧国"等责任意识,同时也根植了反对"敷衍塞责""玩忽职守"等不负责行为的认知。在家庭中长辈要对晚辈负责——养育子女,晚辈也要对长辈负责——孝敬老人。在单位上级要对下级负责——监督指导,下级也要对上级负责——恪尽职守。国家官员要对人民负责——服务于民,人民也要对国家负责——国家兴亡,匹夫有责。

以责任为纽带建立的社会必然会形成更紧密、更牢固的社会关系。从2020年新冠疫情在全球爆发来看,以中国为代表的亚洲国家的抗疫表现较好,尤其是我们中国在很短的时间内就完全控制住了疫情。中国因疫情控制不力被追责的领导干部和工作人员有很多,这足以说明"责任性"在中国社会具有多么深厚的历史和文化根基,已经成了重要和普遍的社会意识。

任何事物都有两面性,"责任性"强有利于社会的团结和谐,增强民族的凝聚力和上进心,不至于沦落成一盘散沙,消极懈怠。但是承担更多、更重责任的人,也同时承担了更多、更重的心理压力。比如,当前很多的父母都有焦虑情绪,他们承担着赡养父母、抚养孩子、职场打拼等多重压力,在中国这种"责任性"突出的文化氛围中,要给予充分的理解和特殊的关照。

了解中国人的"责任性"性格特征对于心理咨询的启示意义在于:要把"责任性"意识作为对心理的一个重要的影响因素,分析它给来访者本人以及其他人所造成的影响。如果发现"责任性"意识确实是来访者心理压力的重要来源之一,就要设法在操作层面帮助其卸责减压,缓解因此而产生的焦虑与不安。现代汉语中有两个重要的词汇具有非常普遍的指导意义,那就是"看开"和"放下"。真正做到"看开"和"放下"需要内心的"领悟",如果发现来访者"责任性"意识有所淡化导致内心的能量不足时,可以采取适当的诱导方式使其"责任性"增强,激发出克服困难的勇气和力量。比如提醒她:"你走了以后妈妈怎么办?孩子怎么办?"注意,这种提醒和激发也要因人而异,对于承受能力较弱的人反而是在增添压力,有可能加重心理危机。

总而言之,中国人的性格具有我们自己的中国特色,用斯密斯的话说就是与西方人(主要指盎格鲁-撒克逊人)相比差异很大,简直是明显的两极。这种特殊的文化背景以及在这种文化基础上形成的特殊性格,对心理咨询的方式和方法都提出了必须考虑到的现实问题,那就是咨询方式方法的针对性和有效性。

当前社会上比较流行的心理疏导方法大都更适用于西方的文化背景,把它们照搬到中国难免会出现水土不服的现象。就像我们根据中国的饮食文化决定提供给中国人的主要是中餐而不是西餐。不是说西餐不好,只是中餐更适合中国人的胃口,更符合中国人的饮食习惯,更能为中国人提供丰富的营养,也更能满足中国人对食物的心理需求。

面向中国人的心理咨询,注定要走一条通往中国人内心世界的道路。

这条路也是通往东方文明的道路。

第九章 中医学的启示

"扶正祛邪",大道至简。

面对现代人日益增多的心理问题和来源于西方的各种心理咨询理论与方法,走在古老的东方土地上的人越来越发现基于西方人文背景所形成的心理咨询方法有着明显的单一性和局限性。

基于东方人独特的性格特点,学者们大声疾呼中国的心理咨询必须走一条不同于西方的独具华夏特色的中国之路。考察中国的历史会发现,在中华传统文化的宝库中有两种宝贵的文化资源,为我们提供了一条通往东方人心灵之路的必要的理论基础和操作方法上的可能性。这两种宝贵的文化资源分别是"阴阳理论"和"中医学思想"。

古人通过对自然界的观察发现很多事物都有两种截然相反的属性。如一日当中有白天有晚上;人分为男人和女人;我们所在的位置上有天下有地;地球上有固态的土,有液态的水;气温有热也有冷;事物有静也有动;物体有大也有小……任何事物都存在着既相互对立又相互依存的两种属性。这两种属性既相互缠斗又相互依存,无论怎么争斗还是分不开,离开了对方自己也就不存在了。

古人把相互对立的双方称作阴阳。太阳是阳的代表,一般来说朝向太阳的一面称为阳,反之则为阴。比如山朝阳的一面我们称之为阳面或者阳坡,背向太阳的一面我们称之为阴面或者阴坡。

有确切文字记载的阴阳概念当见于《易经》。《易经》是我国传统文化瑰宝中非常重要的一部著作。正如杨力先生在《周易与中医学》中所说:"中华文化,肇始于《易经》,是我国哲学、自然科学与社会科学相结合的巨著,是炎黄的智慧结晶,是中国文化的先祖。"

《易经》中说:"一阴一阳之谓道。"《易经》中的"--"爻为阴,"—"爻为阳,阴阳的变化是宇宙的基本规律。如我们所能感知到的一切事物都是阴阳对立的,即世间一切事物或现象都存在着相互对立的阴阳两个方面,如上与下、天与地、动与静、升与降、左与右等,其中上为阳、下为阴,天为阳、地为阴,动为阳、静为阴,升为阳、降为阴。

古人认为阴阳是事物的两种不同性质的"气"的矛盾斗争,两者相互依存与转化形成一个相对的平衡,就构成了现实的万事万物。万事万物都处于不断的发展变化之中,稳定只是暂时和相对的状态。

科学发展到今天,人们对古老的"气"已经有了新的认识,认为它是"能量",现代物理学认为一切事物都是由能量构成的,万物都是能量的不同存在形式。同时也证明一切事物都有两种拮抗的力量,即有两种性质不同的能量,它们相互依存又相互制约。如正电和负电,磁场的N极和S极,人体的交感神经(兴奋)和副交感神经(抑制)等,都具有相互对立的性质,同时它们又依存于对方,离开了对方自己本身也不能存在。

《易经》中的阴阳平衡与转化的思想,几千年来一直对华夏儿女的思想和行为产生着重要的影响。比如中国人善于辩证思维,习惯从正反两个方面看问题;中国人做事考虑阴阳平衡,遵循"中庸之道",不走极端等。中国人大多都知道阴阳是可以转化的,很多人都能理解乐极生悲和苦尽甘来的道理。在《易经》的基础上,人们结合阴阳理论不断总结和探索,逐渐形成了以阴阳理论为基础的中医学、农学、天文学、地理学等,为中华文化的发展奠定了独具中国特色的理论基础。

继《易经》之后的西汉时期,另一部深受其影响的重要著作《黄帝内经》问世了。它是我国医学的四大经典著作之一,也是最早成书的一部著作。书中呈现的内容整合了自然、生物、心理、社会的"整体医学模式",不仅重视治疗,更重视预防,提出了"不治已病治未病,不治已乱治未乱"的思想,为中医学的发展奠定了坚实的理论基础。

《黄帝内经》认为,阴阳是气本身所具有的对立统一的属性。所谓"阴阳者,天地之道也,万物之纲纪,变化之父母,生杀之本始,神明之府也,治病必求其本"。这句话非常明确地强调了阴阳极其重要的作用。强调治病"必求于本",这个本是什么?毫无疑问就是阴阳。

抓住了阴阳,从阴阳的角度去辨证论治就抓住了根本。《黄帝内经》还写道:"阴平阳秘,精神乃治。阴阳离决,精气乃绝。"所谓"阴平阳秘",即阴气平和,阳气固密。"精神乃治",就是精神活动正常。所谓"离决",是指分离决绝,阴阳的协调被破坏,达到分离决绝的地步,则精气衰竭,生命就要结束了。本句话的完整意思是:只有阴阳平和固密,精神才能治而不乱;如果阴阳分离决绝,人的精气也就衰竭了。这句话着重强调了人体阴阳平衡对人的精神乃致生命的重要作用,阴阳平衡了,人才能精神愉快;阴阳失去平衡,精气没有了,生命也就要与身体分别了。

就心理咨询而言,如果我们以中国的传统哲学思想和中医学思想为指导,建构具有中国特色或者说具有东方人文特点的心理咨询方法体系,就必须紧紧抓住"阴阳"这个根本,即"治病必求于本"。同时也要理解"阴平阳秘,精神乃治。阴阳离决,精气乃绝"。通俗地理解就是,阴阳平衡是心理健康的保证,阴阳不平衡是心理出现问题的根源。

也可以这样去理解:人的心理原本是平衡的,健康的,由于后天环境的刺激和影响,使人的心理适应能力与环境刺激之间出现了矛盾,从而产生心理压力。压力过强或者持续的时间过长,就造成了心理的失衡,也就是说心理由原本的平衡状态转化成不平衡状态,如果不能通过自我有效调节恢复到原有的平衡状态,所以就出现了心理问题。

这是从观念层面去理解心理问题产生的原理,如果从解决问题的方法的角度来看,我们要形成与之相适应的解决问题的策略与方法。在中国传统文化的宝库之中,熠熠生辉的《易经》《黄帝内经》为我们照亮了一条咨询心理学的本土化之路。要想到达彼岸,找到一套完整的解决问题的策略和方法,还需要借鉴古今中外更多的研究成果。环顾中国传统文化的宝库,"中医学"显得格外耀眼,它的许多思想和观点都值得我们借鉴。况且"中医学"作为整体医学,一直认为身心是一体的,中国古代就有很多心理治疗的案例。无论古代还是现代,在"中医学"的实践中经常运用心理辅助的方法来治疗生理上的疾病,往往都有意想不到的收获。

在2020年抗击新冠疫情期间,武汉方舱医院里医生和护士带领患者一起唱歌、跳舞、做操、打太极、做八段锦、讲故事,通过激励和情感交流等各种对身心有积极影响的形式加快患者的恢复速度,既成功避免了轻症转重症,也降低了重症患者的死亡率。

"中医学"最值得借鉴的就是以"辨证论治"为精髓的指导原则,心理咨询也可以分为"辨证"和"论治"两个过程。"辨证"是基础和前提,"论治"是具体解决问题的过程和收官环节。二者相互联系,相互影响,构成解决问题不可分割的整体。

心理咨询的第一个阶段也就是"辨证"阶段,是了解问题的阶段。我们可以直接借鉴"中医学"的"望闻问切"诊疗方法之中的前三个,因为"切"的方法在心理咨询过程中既不必要也不方便使用。

那么在心理咨询过程中,"望闻问"具体应该如何操作呢?

1. 望

"望"是指中医学的"望诊"。中医非常重视望诊,所以有"望而知之谓之神"的说法。"望"主要是指用眼睛来观察,依靠视觉来收集有价值的信息以便分析。

"望"不是随便看看,也不是无目的的观望,而是从咨询师的视角,以了解问题和解决问题为目的,有计划、有准备地"望"。"望"作为古老的中医学诊断和评估的方法已经使用几千年了。这一方法操作起来相对简单,不需要任何现代设备,只靠咨询师睁开眼睛就行了,但是这种方法并不违背科学,属于实证的方法,获得的是真实的第一手资料。

"望"同时又归于中国古代思想家王阳明所倡导的体证法,即自己亲自感受到的真实信息,这些信息不是间接听别人介绍的,也不是从书上读到的概念性信息,而是用自己的感官真实感知得到的,更加具有真实性和可靠性。

中国有句俗语"眼见为实",就是相信通过视觉观察到的信息是比较可靠和令人相信的。同时"望"也属于观察法,即自然观察法,它是通过咨询师的直接观察来获得各种必要的信息,且简便易行。

"望"是我们普通人获得信息的最重要的来源,我们一生获得的大部分信息都是通过"望"获得的,我们每个人出生之后就都会"望",只需稍加调整和关注就能够满足工作的专业性需要,便于推广和应用。

中医学中把"望"分为望神、望色、望形态三种。

其一是"望神",就是观察人体生命活动的外在表现,即观察人的精神状态和机能状态。中医把"神"分为四种状态(四个等级),即有神、少神、无神和神志异常。

其二是"望色",就是观察来访者的面部颜色与光泽的一种望诊方法。颜色是色调变化,光泽则是明度变化。古人把颜色分为五种,即青、赤、黄、白、黑,称为五色诊。五色诊的部位既有面部也包括全身,所以有面部五色诊和全身五色诊。但由于五色的变化在面部表现最明显,因此常以望面色来诠释五色诊的内容。

其三是"望形态",是指望形体状态。形体包括肌肉、骨骼、皮肤等。态是动态,包括体位姿态及活动能力等。具体又可包括看身形、衣着、神态、眼神、情绪、动作的力量、速度、灵活、合宜等。形态往往体现形神的结合状况,身心健康者形神俱佳;身心不健康者形神都会表现出不良的状况。如年轻人呈现出苍老感和无力感,身体不挺直、体态不灵活等。

心理咨询在借鉴中医"望"的同时也要结合心理咨询自身的实际特点和规律,形成更适合心理咨询的规律和要求的"望",即更有可操作性的技术和方法。结合我们多年的实践探索,形成了如下"望"的方法。

（1）总体一般性的"望"。

这是以观察普通人的方式对来访者进行直接的观察,快速地获取第一印象。但与普通观察不同的是咨询师的观察具有明确的目的性,是有意识的观察,是自然观察法在实际当中的运用。这种观察表面上很自然很随意,可实际上咨询师是在很用心地尽可能更多地收集所能"望"到的信息,以便在短时间内对来访者有一个大致的了解,快速形成如下判断(表9.1):

表 9.1 状态等级表

状态的大致判断	评定等级
状态很好	
状态较好	
状态一般	
状态较差	
状况很差	√

在这五个等级中选择一个等级与来访者的状态相对应,形成一个整体的初步印象。比如一个大一的女生前来咨询,咨询师没有像往常一样在咨询室里等她,而是在咨询室门口迎接她。

咨询师看着她从不远处缓缓走来，走路的速度与同龄人相比明显慢了很多，胳膊没有灵活有力的摆动，身体显得羸弱而呆板；进到房间落座时，显得迟疑、拘谨且缓慢；近距离观察发现她的脸色和眼神缺少青春少女那种充满活力的光芒，面色黯淡，双眼无神；面部表情平淡，看不出愉快的情感，情绪略显低沉。大体上看她的情绪极度低落，行动迟缓，身体略显僵硬，应该是具有严重的心理问题，属于"状况很差"那一级。

但这只是通过初步的观察来做的判定，不是全面和严谨的评估。对她的全面了解还有赖于进一步的观察和后续的详细访谈。

（2）近距离细致的"望"。

比如，在谈话过程中来访者不时会流露出痛苦、无助、忧伤的表情，有时泪水会哗哗地流出来；谈话结束后从沙发上站立时的缓慢程度以及转身回头与老师打招呼时转头的速度，都犹如一位七八十岁的老人，走出房间的速度也是缓慢的。通过面谈时的细致观察，印证最初的判断是对的，来访者情绪严重低落，行动无力、缓慢，应该属于重度抑郁。

另外还有一个近距离观望的例子。一位来访者说话时满脸焦虑的表情，坐在椅子上也不安定，不停地动来动去，有时干脆离开椅子蹲在椅子的前边，时常用双手把头抱起来，给人以焦躁不安的感觉，来访者的种种身体表情很明显地映射出非常严重的焦虑状态。对于这些"望"到的信息，都可以在评估栏里对应的"状况很差"上打一个"√"号。

当然这只是通过观察所获得的信息，是非常初步和笼统的判断，不是对来访者问题的整体和最终判断，最终的判断还需要结合其他方面的信息进行综合的评估。

一般来说咨询师在这五个等级的判断上是会有个体差异的，因为咨询师在专业知识、咨询的实践经验、判断时依据的标准等方面都是有差异的，但是这种差异并不会导致我们的整体评估出现重大偏差，因为这只是信息的一种来源，不是信息的全部，即使略有偏差也可以通过其他方面信息的收集弥补不足。

（3）有意寻找"证据"的"望"。

比如，一位来访者出现了明显的焦虑症状，通过访谈了解到她有强烈的不安全感。现在的工作和家庭生活以及与父母的关系都很好，成长过程中也没有经历过重大的挫折。这就让咨询师感到很诧异，她的问题不可能是凭空产生的,一定有影响她心理状况的事件。咨询师带着这个疑问与她进行了深入的访谈,在谈到她的父亲的时候基本都是肯定的话语和轻松的表情,可是她在提到母亲的时候说小时候经常被母亲批评,有时还被打。母亲不喜欢她小时候活泼好动的样子,总是责备她,有时还会动手,不过那都是过去的事情了,现在和母亲的关系很好。眼泪在她说话时不自主地流淌了下来,纸巾也不时地被拽出。

她的眼泪就是我们通过"望"想要寻找的"证据",说明她内心有受"委屈"的情感记忆,有经常被批评造成的不自信,还有担心被批评导致的不安全感。

再比如,一位严重的口吃患者,说与父亲的关系不好,但究竟不好到什么程度需要有判断的依据。来访者虽然因为口吃表达有些困难,词句不连贯,不过还是能把自己的想法表达出来。可当谈起父亲的时候,他的情绪一下子激动起来,好像全身都痉挛了一般,嘴里只能发出"哦……哦……"的声音,连一句完整的话也说不出来。从他的情绪反应来看,他与父亲的关系太紧张了,初步判定父亲是他心理压力的主要来源。

(4) 获得反馈效果的"望"。

"望"贯穿于咨询的全过程,通过"望"能够及时捕捉到咨询进程中各种不同互动方式的效果,以便于咨询师心中有数,进而做出相应的调整。比如,因为咨询师的某一句话导致来访者脸色难看起来,不仅话语减少了,眼睛也不愿意再多看咨询师了,这很可能是沟通遇到了障碍,需要咨询师及时做出补救性调整。

再比如,在咨询中间或咨询结束时来访者的脸色有光泽了,情绪平和了,面部有神采了,身体感觉有力量了等,都可以看作咨询效果的体现。还有的来访者表现出漫不经心,应付了事等状态,也都可以通过"望"了解到。

(5) 了解关系的"望"。

人不是独立存在的,我们每一个人都是关系中的人,是在各种相互关系的作用中形成的人。所以心理问题的症状只是表象,问题真正的症结在于来访者的人际关系状况。一个人最初的人际关系是亲子关系,也可以说是家庭关系。家庭关系的和谐与否对人的心理健康状况有着最直接的影响。

心理咨询中可以通过多种方式了解家庭关系,其中"望"是重要的手段之一。比如,一个孩子由父母陪同前来咨询,咨询师可以通过观察他们一家三口的互动情况了解他们之间的关系如何。通过他们走路时身体距离的远近、身体的接触、眼神的交流、语言的沟通和话语的多少等来了解三者之间的关系处于何种状态。

比如,有一个孩子独自与咨询师谈话时讲话就很多,能够放得开,可是当父母在场时就沉默不语了,一句话都懒得讲,脸色看起来也很难看。这就说明他与父母的关系不良,那么究竟是与某一位不良还是与父母双方都不良,还需要进一步掌握情况后再去确认。

还有一位母亲同女儿一起去食堂吃饭,从开始买饭到结束用餐大约20多分钟的时间,双方几乎没有任何语言交流,可见母女间存在明显的情感沟通障碍。

还有一位母亲在谈及自己女儿的心理问题时表现得很不以为然,笑容满面,没有一丝一毫对女儿正在遭遇的困难的理解和同情。其实她女儿的心理问题很严重也很痛苦,但是这位母亲明显没有感同身受地理解与同情自己的女儿,母爱明显匮乏。通过这一"望",咨询师更加理解了女儿所处的成长环境和问题的来源,对接下来应该采用的咨询策略就更心中有数了。

需要说明的是,通过"望"所了解的信息虽然是第一手的,但也依然是表面上的,要想了解真实的关系状况还需要结合访谈法等其他方法,才能做出更全面的、准确的判断。

(6)笔迹特征上的"望"。

来访者在咨询开始之前一般都要填写登记表,又叫知情同意书。在填表时留下的笔迹或者是咨询师有意收集到的笔迹,都可以通过对笔迹的心理分析获得有价值的信息。

笔迹心理分析是通过人的书写字迹来分析人的心理特征的一门技术。分析方法主要有特征法、临摹法、触觉法、意象法、能量法等多种方法。这里是从"能量法"的角度介绍如何通过对笔迹的"望"来获得一定有价值的信息。

我们知道世间万物都是不断运动变化着的,运动是事物最基本的属性,其他属性都是运动属性的具体表现。能量是物质运动转换的量度,简称"能",能量是表征物理系统做功的本领的量度。

在一定意义上宇宙间的一切事物都是能量的存在,笔迹也不例外。能量的客观存在及其可测量性是公认的,然而笔迹比较特殊,因为它是身心结

第九章 中医学的启示

合的产物,受技术手段的限制,完全以物理学的方法进行测量是很难做到的。所以我们只能从笔迹心理分析的角度分析笔迹的能量特征,从而间接地了解人的心理特征。

笔迹的能量分析可以从四个维度入手,即把笔迹分成强弱、弹性、控制和方向四个维度。具体操作可见表9.2。

表 9.2 笔迹的能量分析

笔迹的能量特征	笔迹的心理特征
强弱(速度、压力、大小、结构)	强弱、成就动机、躁郁
弹性(软硬、灵活、变化)	适应性、变通、倔强、灵活
控制(布局、结构、规范、和谐)	自制力、规划、情商、纪律性
方向(外展、内敛、倾斜)	内外向、躁郁、沟通能力

可以用下面两幅笔迹(图9.1、图9.2)来说明笔迹的能量特征。

图 9.1 毛泽东的书法　　图 9.2 顾可学的书法

图9.1是毛泽东的书法字迹。笔迹速度流畅,笔力强劲,结构合理,显示出极强的能量特征。这也是心理内在的修养、学识、能力和自信等通过笔迹被投射了出来,既是书法艺术作品,也是身心能量的痕迹,展现出极强的成就动机。从弹性方面看,毛泽东的字迹刚柔兼济,富于变化,表现出很强的弹性,说明毛泽东的心理素质非常好,具有很强的适应能力;从控制方面看,笔画的控制力度非常好,结构和布局都很合理,笔画的快慢和刚柔有机结合浑然一体赏心悦目,反映出毛泽东具有很强的自制力和组织协调能力,

107

做事的目的性、规划性和坚持性都很强;从字体的方向来看,字迹周正,笔画向外舒展,体现出落笔人明显的外向型人格特征,性格开朗,心胸宽广大度。

图 9.2 是宋代顾可学(1482—1560)的笔迹。顾可学在宋代时做过朝廷官员,他的笔迹从能量上看比较弱,投射出的心理能量也比较弱,承受不住较大的心理打击,容易产生心理问题;从弹性上看笔画较软,有一定的变化与灵活性,心理特征表现为有一定的适应能力;从控制性上看笔迹的控制性过强,笔画很拘谨,相应的性格特征应该是内心胆怯做事谨慎,缺少大刀阔斧的魄力;从方向上看笔画向内收敛比较明显,对应的心理倾向应该是较明显的内向型性格。总体上来说他有不安全感,性格内向,做事拘谨,心胸狭窄,缺少魄力,心理抗压能力差,容易产生心理问题。

在心理咨询的过程中发现抑郁症患者的笔迹大多能量较弱,表现为字迹小,笔顺拘谨内敛,笔画拥挤凌乱,给人以无精打采软弱无力,内心不清静不安宁不平和的感觉。具体可见图 9.3、图 9.4。

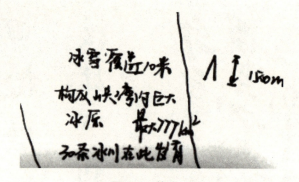

图 9.3　笔迹一

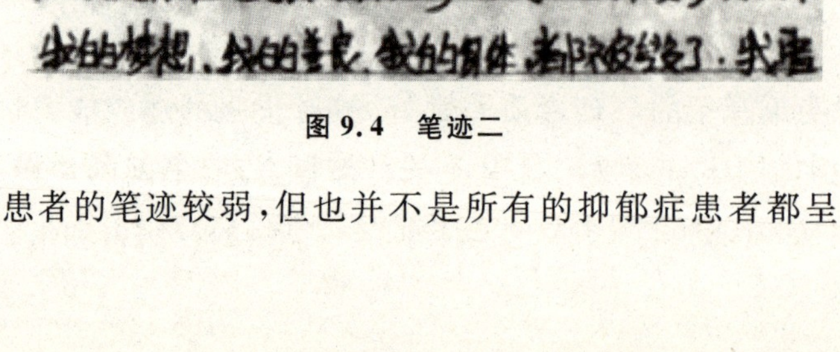

图 9.4　笔迹二

抑郁症患者的笔迹较弱,但也并不是所有的抑郁症患者都呈现出千篇一律的弱势笔迹特征,当然会存在个体差异。图 9.5 这幅字依然具有较强的能量,这说明他原本是强型特征的人,但是在受到更强压力(如父母更强势)的情况下就会出现抑郁,可内心中仍有不甘,还留存着一定的希望和反抗的力量,所以他的笔迹有一定的力道和硬度,而且能量还不少。但是这种笔迹也显示出来访者的思绪很拥挤、内心很凝重,说明由于内心负性情绪得不到释放而产生了郁结和压抑,缺乏轻松愉悦的情绪体验。

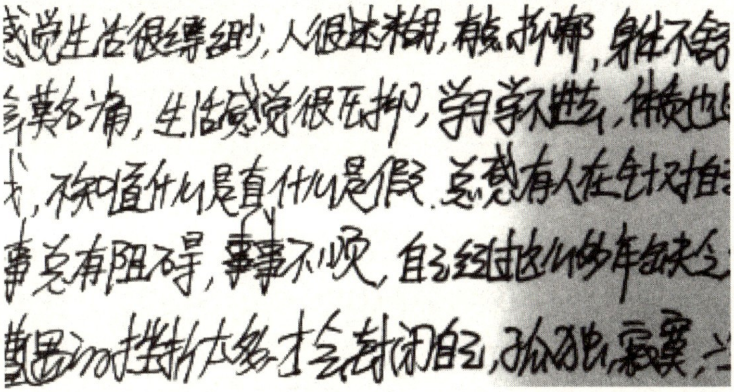

图 9.5 笔迹三

笔迹特征上的"望"是心理咨询过程中信息收集的来源之一,这种手段的运用需要心理咨询师具有一定的专业素养和丰富的经验积累,否则在笔迹中只能看到内容信息,看不到笔画特征所呈现的心理信息。全面了解人是很不容易的,多一种了解方法就多一分判断的准确性。

(7) 知情意行的"望"。

这是从心理学视角,也相当于戴上心理学的眼镜来观察人的行为,以心理的认知、情感、意志和行为四个维度来搜索相关的信息,然后再进行分析和处理。

比如,从认知角度观察,有的来访者在听咨询师讲话的同时手也在比划着,好像是正努力去理解咨询师讲的话,可同时又表现出对讲话内容的费解和疑问的表情,就知道来访者在理解方面出现了问题,后经过询问得知他以前曾有过严重的精神障碍。

再比如,有的来访者总是不能按约定的时间前来咨询,而且总会为迟到找各种各样的理由。交谈时从来不关注时间,每次咨询师提醒她时间她也不在意,再观察她的衣着和面容好像也不太用心整理和修饰。后经了解她每天在家睡觉到中午 12 点才起床,早饭和午饭常常一起吃,说明她的意志品质出了问题,做事的目的性、计划性和克服困难的品质都很薄弱。

再还有每个人的情感表现都有自己的特点,有的情感表现比较明显,有的则不明显;有的笑容可掬,有的满脸严肃;有的情感与认知相一致,有的则不一致。比如,有的人在谈到过去的时候只是叙述事情的经过,没有情感的伴随,讲到苦难的经历时既没有痛苦,也没有悲伤的表情出现;有的人则呈现另外的特点,无论谈到过去经历的怎样的事情,始终都能面带笑容。

这是情感与认知不协调、不一致的情况,需要我们特别关注。一般来说,在抑郁症后期可能会出现情感和认知不协调的情况,需要我们结合其他方面的信息进行综合的分析判断。

通过行为观察能够获得的信息也很多。比如,有的来访者,目光不敢正视咨询师,说话时会突然抬头看咨询师一眼,然后就马上低下头去;身体的动作也很僵硬,抬头和低头的动作都很快很有力,像机器人一般。这一行为特征投射的是内心的紧张与自卑感,在来访者过去的成长过程中可能遇到了一些非常不利于人格发展的阻碍,情感受到了压抑。经了解得知来访者的母亲非常强势,脾气暴躁,母子间经常发生冲突。

再比如,有的来访者脸部的某一块肌肉一直在不自主地痉挛性抖动,说明其内心非常紧张。还有的来访者会表现出行为异常,如见到咨询师的手就说"老师,我给你看看手相吧",然后凑过来就要抓老师的手。明显的行为异常预示来访者的精神可能已经到了分裂的边缘,应该马上建议他到精神病医院去做诊断和治疗。

在对知情意行这四个方面的观察过程中,情绪表现得最为明显,来访者有深刻体验的时候咨询师也容易观察得到。意志品质往往不太惹人注意,但是它对于人克服困难走出困境非常重要。

一般来说意志品质坚强,勇于面对困难,具有顽强的决心和毅力的人,遇到再大的问题都是有希望能解决的;相反,自己不愿意努力拼搏,总是希望有人能把他的问题一下子都给解决掉,如果不能很快见到效果就会泄气并丧失希望深陷问题之中,就很难从困境中走出来。

此外还有了解人格特征的"望"。为了更加全面地了解一个人,我们可以把"望"的范围再扩大一些,以便了解更多的信息,对来访者的人格特征做一个初步的描画。如想要对其才能、兴趣取向、气质类型等进行更加全面的了解,可以通过"望"其居住或者工作的环境,驾驶的汽车,衣服穿着,手工、绘画、书法或文学作品,摆放的沙盘等,通过各种综合信息的全面汇集可以勾画出一个人的人格轮廓,把心理问题放在完整的人格背景上,理解就会更深刻一些。

2. 闻

"闻"按传统中医学的观点是指闻声音、闻气味,主要是辨别生理疾病中"闻"的种类繁多,包括说话声、呼吸声、打嗝声、肠鸣音、敲击声等等。同时还可以闻气味,如呼吸的气味,身体的气味,大小便的气味等。

心理咨询的"闻"则有所不同。心理咨询过程中的"闻"主要是"闻"说话的声音和呼吸的频率,要注意说话声音的强弱、快慢、变化以及说话的内容等。比如,在与来访者电话预约的交流中我们就可以对来访者从声音角度进行"闻"。如果声音较弱,速度较慢并带有胆怯和犹豫,很可能是抑郁倾向的来访者;如果声音较大,讲话速度快而急促,可能有焦虑的倾向。现场咨询中不仅要"闻"声音,更要关注声音所承载的信息,判断来访者思维的逻辑性、所处环境的关系状况、成长经历、心理痛点、期望、兴趣等。

在"闻"的过程中,如果来访者很愿意陈述,就让他自然陈述不要刻意打断,除非已经严重超时并且下一位来访者的咨询时间即将开始,或者想了解的信息基本掌握得差不多了,否则尽力不要打断来访者的倾诉过程,因为来访者不仅是在陈述现状,也是倾诉情感,咨询师要尽力去倾听和陪伴。

心理咨询中的"闻"是和"问"的环节结合在一起的,在"问"中"闻",也在"闻"中"问",二者有机结合。同时"望"也一定要积极地参与进来,实现"望闻问"三者的完美结合。

3. 问

"问"就是询问,是"望闻问"中最核心的环节。在"问"中可以"闻"也可以"望"。"问"准确地说应该属于个案调查法,也可以说是访谈法。它与运用量表进行测量的方法相比涉及的内容更加广泛,对问题的了解也更深入,明显地突出了个性化特征,能够更有针对性地获得确切的信息,提高心理咨询的效能。

为了使"问"更加条理清晰,可以参照如下八个"问"的脉络:

一问来访的目的。有的来访者不用问就主动介绍来访的目的,并且详细介绍相关情况。但是也有的来访者话语很少,不能明确讲清咨询目的,这就需要咨询师通过询问了解来访目的是什么,他想要解决的问题是什么。

二问遇到的困扰是什么。问出来访者当下的症状、之前是否出现过此症状及其最早出现的时间;是否到医院或者心理咨询中心治疗过,如能见到相关的诊断报告则更好。

三问自我分析心理问题形成的原因。现今很多人的文化水平都很高,网络也比较发达,有的人通过在网上搜索、求证,可能对自己的情况已经有了一个初步的判定和归因,我们不妨先听听来访者自己的想法。如果他的分析有较高的可信性则可以节省评估时间,同时也是对来访者加深了解的过程,可以反映出来访者本人对自己的问题的关注程度和了解能力,有助于对他采取针对性的辅导。

四问来访者过去和现在的关系状况。任何事物都不是孤立存在的,心理问题或者心理疾病也不是孤立存在的。所以有人说"病是由非病因素造成的"。从一定意义上看,心理问题或者心理疾病是生活、学习和工作关系中的困扰在心理上的呈现或是投射。所以询问关系最有可能找到问题的根源。

为了方便询问,可以把对人有影响的关系分为七类,即家庭关系、亲朋关系、学习关系、工作关系、理想与现实的关系、身心关系和自我关系。通过对这些关系的了解,能够从整体上把握一个人的纵向成长经历及现在的关系现状,以便咨询师心中有数。对于这些关系的具体询问和了解,将在后面的"关系法"中详细介绍。

五问来访者的人生追求和梦想。每个人在不同的人生阶段都有不同的梦想,这些梦想是人成长的动力,也是活着的理由。缺少梦想,人就容易浑浑噩噩失去方向;失去了动力,也就失去了人生的价值和意义,相当于没有灵魂的人,与行尸走肉无异。

有人说我没什么梦想,生活很平淡,白天干活晚上睡觉,吃饭香,睡觉也香。其实追求一种平淡的生活也是梦想。梦想有大也有小,人和人是有个体差异的,人生中不同阶段的追求也在不断发展变化。比如,有的人小时候想成为科学家,长大后却走上仕途成了一名官员;有的人童年时梦想成为作家,结果长大后当了一名人民教师。

在了解来访者的梦想时,主要是询问他有没有梦想,有什么样的梦想,以便把握他的内在动力情况。从阴阳的角度我们也可以把梦想称作阳性资源,梦想越大,越有可能为实现梦想而努力,产生的动力就越大;梦想较小或者缺乏梦想,则显示阳性资源不足,内在的动力也相应不足,需要采取有针对性的方法对梦想进行激发。

对来访者的梦想和追求的了解是为后面解决问题所做的前期准备,准备得越充分,后面施策就会越有针对性,效果也会越好。

六问来访者的兴趣特点。

兴趣是人对某事、某物的关心和参与的积极倾向,它能给人以感官或精神上的快感,是人成长与发展的重要动力来源。在"问"的过程中可以了解来访者是否有兴趣爱好,是何种兴趣以及兴趣的多寡、强弱等信息,以便了解其现实的能量资源,为后续的辅导提供可利用的抓手。

比如,发现来访者缺乏兴趣,就可以判定其内在的动力资源不足,在辅导时需要尽力激发来访者的兴趣,丰富其内在动力。再比如,一个人虽然抑郁,但是每天都能坚持体育锻炼,对球类也很有兴趣,还时常喜欢做点美食,说明该来访者还存有一些有助于他走出困境的能量:兴趣。

七问来访者的责任心。责任心是具有责任感的心态,指个人对自己和他人、对家庭和集体、对国家和社会所负责任的认识,以及与之相应的遵守规范、承担责任和履行义务的自觉态度。它是一个人是否成熟的表现和标志。所以,了解一个人的责任心,就是在了解一个人是否具有与年龄一致的责任意识,是否还处在缺乏责任感的不成熟的孩子状态。

如有的大学生整天玩游戏,至于将来毕业后到哪里去、做什么工作这些问题一概没想,人生没有目标没有责任,也就毫无动力。如果没有游戏满足对快感的需求,可能连活的动力都不足了。所以探究来访者的责任心,既可以了解他当前的状况,也可以为接下来的辅导提供依据。比如,有的人在工作中承担了很多责任被压得透不过气,同时与孩子的关系又很紧张,为孩子的升学问题焦虑不已,在工作和家庭责任的双重压力下被折磨得不堪重负,这就需要根据来访者的具体情况进行具体的咨询和辅导。

八问来访者的生理健康状况。我们知道身心是一个整体,是一不是二,是相互依存的阴阳两面,不能分开来谈,要从整体上考虑。所以在询问中要有意掌握来访者的各种生理变化,如疾病史、生理器官的完整性与功能,对自己生理状况的认知等。比如,对长相的自我意识会影响来访者的自信或

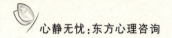

自卑;常年的慢性疾病尤其是病痛的折磨可能导致精力不足、自信心降低等情况,需要做细致的了解和分析。

在心理咨询过程中借鉴中医学"望闻问"的方法,并不是要用这种方法取代其他方法,而是要与其他方法结合起来加以运用,以便使信息的收集更加多元化,在把握更多资料的基础上将对问题的评估做得更准确和细致一些。

比如,有三个大学生分别前来咨询,巧合的是这三位同学都是被同一家医院诊断的"中度抑郁症"患者。对这三位同学都采用同样的咨询方法显然不行。通过对这三名同学"望闻问"的信息收集之后,发现他们具有明显的个体差异,实际上在抑郁的程度上也有明显的差异,需要采用差异化和有针对性的具体咨询方法。

由于医院的工作量非常大,没有太多时间进行"望闻问"的具体操作,医生大多采用的是量表测量的方法,所以诊断结果也比较概括和概念化,这三位同学就都被诊断成"中度抑郁"。医生针对这一病症直接开药就可以了,可对心理咨询师来说还远远不够,需要通过"望闻问"等方法了解更多信息后方可"论治"。

中华文明几千年的文化积淀,在哲学思想和医学方法上为当代心理咨询方法的创新奠定了良好的思想和理论基础,使我们能够在古今中外的理论与实践的结合中探索出一条具有东方特色的心理咨询之路。

心理咨询可以在了解问题阶段采用"望闻问"的方法,在解决问题的过程中使用"扶正祛邪"的方法。

正可谓,大道至简。

第十章 阳性法"扶正"

一阴一阳谓之道。

在心理咨询的道路上沿着东方之路行走,一定会获得中国哲学的指引,传统文化的智慧光芒不仅照亮了咨询师前行的道路,也为我们积蓄了振奋人心的力量。

在不断的学习、实践和探索过程中,一套具有东方文化特点的心理咨询方法也在逐渐成型。这套方法的理论基础是中国的哲学思想、中医学思想和现代心理学理论;整体理论架构包括三大核心方法体系,即阳性法、阴性法和关系法。这三大方法体系相互交融,构成一个整体,通过具体方法的实施,促进心理问题相关要素的转化,最终达到心理平衡(图10.1)。

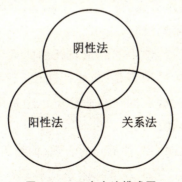

图 10.1 三大方法模式图

提出这一方法所依据的理论假设是:人的心理原本是阴阳平衡的,由于内外因素的干扰而出现了不平衡,即心理失衡现象,因此也就导致了心理问题。如果我们通过相应因素的调整和转化,使心理平衡恢复到原有的平衡状态,相应的心理问题也就能够得到解决。

这三大方法体系是为调节心理的阴阳平衡而设计的。

我们知道世间的一切事物都具有阴阳两种属性,它们的相互制约、相互斗争并相互依存,形成了事物相对稳定的状态,一旦这种平衡状态被打破,任何事物都会出现问题。

比如,长时间不下雨,农田就会遭受旱灾,长时间下大雨又会出现洪涝灾害。人类社会也是这样,如果一个社会中的少数人占有了绝大部分财产,而大多数人穷困潦倒连生存问题都难以解决,失去平衡后的社会必然会出现混乱和动荡。

再比如,我们的身体,胳膊的肌肉主要有两种:一种负责伸展,一种负责收缩。如果胳膊伸出去之后却不能收回来,那身体就出现问题了,穿衣、吃饭、工作等很多事情都做不了。这是肌肉伸缩失衡所造成的影响。

又比如,心脏和肺叶的舒展与收缩维持了我们的基本生命,一旦它们的舒张与收缩之间的平衡出问题,我们的生命也就会随之发生危险。

我们的心理也一样,如果兴奋过度而不能控制就会出现阳亢,如果兴奋被过度压制,导致兴奋度不够则可能出现情绪上的抑郁,这都是失衡的表现。

所以从阴阳平衡的观点出发,心理咨询既要理解心理问题是由于心理失衡造成的,也要找到能够解决失衡问题的方法。心理咨询的三大方法正是因解决心理失衡的需求形成的。

本章向大家介绍"阳性法"。

人有两种最大的能量,即生的能量与死的能量。人的一生就是生和死相互博弈的过程,二者是一而不是二,生死相依,不可分割。我们活一天就离死亡近了一天,生和死都在同一趟旅途中。这是用生死来说明两种不同能量在人身上的客观存在。

人的心理现象也有阴阳两种不同的表现,如精力充沛时能量增强,人的学习和工作的效率就高;筋疲力尽时能量减弱,学习和工作的效率就会下降。再比如,情绪高涨时人就会兴高采烈、精神抖擞,情绪低落时人就会无精打采、郁郁寡欢。

我们的心理问题正是由于身心的这两种能量的变化导致两种能量出现

严重的失衡。如兴奋得三天三夜没有合眼,这是兴奋过度出现了亢奋状态,导致兴奋和抑制的失调。调节方法就是要通过转化,恢复兴奋和抑制的平衡,实现正常状态。我们把这种采用抑制来调节兴奋度过强的方法称为"阴性法",而把通过各种措施增强身心兴奋度的方法称为"阳性法"。

"阳性法"的作用主要是滋养、促进、增强和提高人的正能量,即有利于生命成长和发展的正能量。从这个意义上说,我们可以把凡是运用各种方式方法有效提升人成长和发展的正能量或阳性能量的方法都称为"阳性法"。这种方法是以阴阳理论为依据,以平衡阴阳过程所发挥的作用来划分的。总而言之,提升正能量的方法我们都可以称为"阳性法",消除负能量的方法都可称为"阴性法"。

"阳性法"是借鉴中医学"扶正祛邪"的理论构建的,主要体现为"扶正"。早在中国古代的医学大师就知道"七情"致病,认为绝大多数的身心疾病都是由"七情"所致。现代心理学研究认为,人的心理问题主要是情绪被压抑导致负能量累积过多造成的。如自尊心受挫、被羞辱、长期受委屈、怨恨等都是负能量,每一种负能量都可能会给人造成伤害,如果几种负性情绪叠加在一起,负能量更强,对人的伤害也会更大。

负性情绪不是无缘无故凭空出现的,它与人们所经历的事情有着必然的联系,伴随着对经历过的事情的看法和态度,人就会产生相应的情绪。如果经历的事情都是中性的,那么伴随事情所体验到的情绪就是平和的,甚至没有刻意察觉,于是很快就忘掉了。如果对该事情的看法和态度是积极的,情绪体验上就会是乐观的或兴奋的。如果对该事情的看法是负性的,态度是消极的,那么所产生的情绪就是负面的、遗憾的,甚至是悲伤的、愤怒的。

"阳性法"的"扶正",可以按照如下思路来理解:心理问题的出现是由阴阳失衡导致的,如果是正能量不足,就要滋养和增强其正能量(阳性能量)。同时也要了解正能量不足是由于负性情绪所导致的,所以要转化、调整和矫治负性情绪。而负性情绪又是由于对过去经历的一些事件的负性认知和态度所造成的,所以最终还是要从认知和态度的转化上入手。

这一"扶正",就需要更多地考虑"扶正"的目标,现存的可利用的资源有哪些,应该排除的相关干扰因素是什么,选择的路径和方法是什么等。而对这些问题的综合把握是关于"论治"的一个整体设计。这一设计的实施既涉及前面提到的"望闻问"所了解的详细信息以及对这些信息的分析与评估,也涉及咨询师所具有的对于各种问题的认识能力和具体方式方法的综合运用能力,使"扶正"的时候能够把握问题的关键,真正做到扶出正能量,使阴阳失衡的状态逐步开始逆转,哪怕有一丝一毫的进步都是好的开始。只要有了好的开始就相当于看到了转化的效果,不需要等到完全恢复平衡才说咨询有效果。

下面我们将从具体的操作方式上来进一步理解"阳性法"的"扶正"。

1. 立志

几千年来的中华文明孕育的中华民族,具有我们中国独特的精神追求。正像清代著名学者辜鸿铭在《中国人的精神》一书中写道:"中国人的全部生活就是一种精神生活。"

的确,由于文化力量使然,中国人的生活不单单是为了个体生存而单纯追求物质满足的生活,更多的时候是为他人、为家族而活,为民族而活,这是一种更为复杂的精神上的追求,是更高尚更有意义的生活。这种精神追求的核心就是"责任意识"。

宋代张载的立志名言"为天地立心,为生民立命,为往圣继绝学,为万世开太平",充分体现了中国人的"责任意识"。中国人的"责任意识",是在"家文化"与"和文化"以及各种道德规范的相互影响下逐步形成的,也可以说是在中国传统文化的影响下形成的。这种责任意识使得中国人更注重团结和协作,更能够形成紧密的社会关系,使人与人之间更加和谐,也更有人情味。"一方有难八方支援""舍己为人""为人民服务"等熟悉的话语深刻地影响着中国人的心理和行为,这些话语既是"责任意识"的体现,也是人们生活中重要的信条。所以我们中国人时刻能够感受到社会就是一个大家庭,有家一般的亲情和温暖。

由于中国人的精神生活占主导地位,人们对人生价值和生存意义的理解在生命的整个过程中显得尤为重要。觉得生活的价值和意义很高则生活的动力性很足,积极进取,努力拼搏;如果觉得人生没有什么价值和意义则会变得消极应付,得过且过,自暴自弃,甚至郁郁寡欢。

中国传统文化中虽然没有明确写出"价值取向"的字眼,但是其所倡导的"立志"就是人生的目标和价值的取向。"立志"是目标导向,它对人的成长起到了拉动作用,志向越大,动力性就越强。如果缺乏志向,人生将会失去动力,生命状态也会失去生机和活力。所以古人曾说,"三军可夺帅也,匹夫不可夺志也""人无志不立""志当存高远""有志者事竟成""为中华之崛起而读书"……

古人所说的"立志",相当于我们现在所说的"梦想",它们的共同特征都是指向未来,都起源于个人的欲望和理想,都需要努力奋斗才能实现,都能够激发起人的精神和力量,产生一种动力作用,让人走上一条有价值、有意义的道路。从这些共同点来看,他们之间没有什么太大的差别,尽管用词不同,但是大意相同。

中国古人对"立志"是非常重视的。诸葛亮在给儿子的家书《诫子书》中就说:"非学无以广才,非志无以成学。"

明代思想家王阳明通过自己的体证,也意识到立志的重要性。他小时候不喜欢看书学习,整天和小伙伴们玩打打杀杀的游戏,拉弓射箭、舞刀弄枪、排兵布阵他都喜欢,唯独对学习不上心。他父亲总是不停敦促,学习效果始终不尽如人意,两次参加科举考试都没有考中。后来他的心中萌生了成为圣人的想法,便想放弃科举,觉得科举对成为圣人没什么太大的作用。父亲耐心地做他的思想工作,说圣人更需要有知识有修养,如果你不参加科举,如何接触到更有知识和更有修养的人呢?经过这样一番劝解,使王阳明将成为圣人的想法和科考建立了链接,果然第二年就考中了进士,他从此便踏上了"立志"成为圣人之路。

正是由于成为圣人的"志向"使他面对人生的一个个激流和险滩时能够从容不迫,各种荣辱都降服不了他的那颗想成为"圣人"的心,最终真的成为中国人心中的"圣人"。他用一生的实践体证了"学习必须先立志"。实际上对于人的成长与发展来说,不仅在学习上要立志,一生都要"立志",有了梦想生活才能有方向,行动才能有动力。

现代科学心理学的研究证明,"立志"或"梦想"是可以激发人的内驱力,是一种原发动力。"立志"可以起到导向作用,更是一种前进的驱动力。它可以激发人们产生强大的动力去行动,能够产生克服各种困难的勇气和力量。人没有"志向",成长的动力就不足,一旦遭受挫败就可能一蹶不振,心灰意冷、郁郁寡欢、自暴自弃。

那么要如何激发来访者的"志向"呢?

首先,"志向"的树立因人而异。咨询师应该理解,有的人有明确的人生"志向",有的人"志向"比较模糊,有的人根本就不懂什么是"志向"。无论有无"志向",都不是他们的错,所有的状态都是在社会和家庭影响下产生的,是个体与社会相互作用的产物。

我们要说的是,"志向"的形成离不开个人的生活背景,也就是现实生活中的关系状况。比如说一个人什么志向也没有,既不想为社会做什么贡献,也没有考虑过自己将来怎么生活。

"你将来打算如何孝敬你的父母啊?"咨询师问来访者。

"我为什么要孝敬父母啊?"来访者带着迷茫的神情看着咨询师。

他不理解咨询师为什么会问这样的问题,咨询师也不理解他为什么迷茫。这是因为咨询师还没有了解来访者的心,以及这颗心得以形成的背景。

很多现在的年轻人在成长的最初阶段并不了解传统文化中的"孝",所以他对孝敬父母的迷茫主要是源于不了解为什么要"孝敬父母"。通过后续的交流了解到他是留守儿童,从小就与外公外婆生活在一起,父母常年在外很少能够见到,与父母缺乏情感沟通,所以谈及"孝道"即使他理解其中的含义,也无法引起内心的情感波动。那么孝敬父母成为他的"志向"就不太容易,需要用时间和温情加以培养。

这也就是说"志向"的产生也有赖一定的条件,如同庄稼的生长依赖于营养、水、阳光和空气等基本条件,人在缺乏相应的条件时也不会有"志向"的形成。所以激发和引导人的"志向"一定要结合个人的实际情况。

有一位高中生,原来就想考大学,并没有职业上的目标,也没有考虑过要做出什么成绩。由于心理出现了严重的问题,他开始在网络上搜索心理学方面的知识,加之切身体会到心理咨询师辅导他实现转化的过程,很快就让自己的状况逐渐好转起来,获得了新生。这次经历使他对心理学产生了浓厚的兴趣,也想成为一名心理咨询师。如此一来"成为一名心理咨询师"就成了他的"志向"。

咨询师得知他的想法后也非常认同,不断地鼓励和支持他。高考填报志愿时他毅然选择了心理学专业。他的"成为一名心理咨询师"的人生目标,为自身的成长增添了强大的动力,助力他克服遇到的各种困难并跨越了人生的难关,如愿以偿地考上大学读了心理学专业,心理状态也得到了极大的改善。

还有一位初中生也出现过严重的心理问题,到医院被诊断为抑郁症,并进行了治疗。为了加快好转,父亲带他前来咨询。咨询师经了解得知他的突出特点是学习成绩优异，对科技相关的领域很感兴趣。由于出现了严重的心理问题，学习成绩明显下降，他感到压力很大。由于服药的缘故，这名学生谈话时显得疲惫困乏，精力不足。可是在谈到科技相关的内容的时候，他立刻来了精神，把头抬起来侃侃而谈，知识面之广简直不像是初中生。咨询师相信他一定能够成为一名优秀的人才，考虑到他对科技感兴趣，就想到引导他树立与科技相关的"志向"，用这一"志向"所产生的能量来化解他的负能量，助力他走出困境。

"你将来想从事什么工作？"咨询师问。

"我喜欢航天。"他回答说。

"那你是喜欢制造还是研发？"

"我更喜欢研发，不光是航天领域，也可以从事基础科技的研发，而且我要带领研发团队，我最好能领导科技相关的工作。"

他回答得非常清楚、流畅，说话声音也比较大，显示出明显的个人愿望和自信。

"你怎么会这样想？"咨询师有些好奇。

"因为美国总是在制裁我们，在技术上卡我们的脖子。"

"你怎么知道美国在卡我们的脖子？"咨询师很好奇，一个初中生怎么会想得这么多？

他父亲补充说爷爷在家总看电视，关心国家大事，他和爷爷经常在一起谈论此事，所以对国家的科技情况有所了解，他对华为的精神也很佩服和崇拜。

咨询师这才明白他的社会视野，他的民族情感都来源于电视，来源于爷爷潜移默化的影响。所以他和大多数初中生不同，关注了超越年龄的内容。

"你的想法很好，很符合祖国的需要，你的志向也符合你的兴趣，现在正处于初中阶段，打好学习的基础的同时多读一些课外的书籍，把你平时的科技制作坚持下去，相信你一定会为祖国的科技事业做出自己的贡献。"

咨询师了解到其父亲专门为他准备了一个房间搞科技制作，房间里有材料、案板和各种工具，业余时间他喜欢自己动手做一些科技类的小手工。

这个"志向"对他摆脱问题的困扰起到了重要的引导作用，后来他每次遇到困扰前来咨询，咨询师在分析来访者遇到的困扰之余依然强化他的"志向"，每次强化之后都像又充满了电一样，又开始信心满满了，不仅脸色好看了，话语也随之多了起来，走路也更有力量了。咨询师充满喜悦地看着他，好像自己也被他给充电了。

经过三次咨询，他的抑郁症发生了明显的好转。

"志向"这一词语经常被名人提及，所以人们在列举事例时也习惯提及名人，导致很多人以为"志向"一定是和"高大上"相联系的，只有比较高远的人生目标才算得上是"志向"，而非高远者则不算"志向"。其实文人墨客用华丽的辞藻表达的"志向"，用老百姓的话说就是活着一定要有追求，也是活着的理由。多数人都有很多不同的活着的理由，也可以看作有多个"志向"，它们都是人成长和发展的动力源泉。

有的人被问及有什么"志向"，可能他会说我没什么"志向"。可是他说没有"志向"并不等于说他真的就没有，而是说不清楚。比如，有人会说"没什么大的愿望，平平安安就好"；也有人会说"吃得香，睡得好，平平淡淡才是真"，其实这就是他们的"志向"。尽管人各有志，取向不同层次也会不同，但它们都是人活着的理由，都会起到动力性作用。

我们在咨询过程中最怕的就是来访者真的没有"志向"，找不到活着的理由，表现为没有人生的方向，缺乏生活的动力，如行尸走肉般浑浑噩噩。

对于"志向"不是太清晰的人可以适当地加以引导，有这样一个引导案例：

"你大学毕业后，是准备考研还是就业？"咨询师问。

"我不想考研，想早一点就业。"来访者回答。

"你想在哪个领域就业？"

"我还没有考虑清楚，有可能去当老师吧。"回答得有些含糊。

"你的语言表达能力不错，有意愿的话做老师是很好的选择。那你想在哪个城市工作？做中学老师还是小学老师？如果你大学毕业后继续学习考取更高的学历，也有可能当大学老师。"咨询师笑着说。

"我就想在我们家乡做一名语文老师，我是中文专业的。"

"那很好，学习你喜欢的专业，将来还教你喜欢的领域。"

"我对语文的兴趣是受高中语文老师的影响。她博学多才，说话风趣幽默，从来都不发脾气，我们都喜欢她。"来访者回答的声音略有升高。

"她是你的偶像，你也可以像她那样受到学生的爱戴。"

第十章 阳性法"扶正"

"我一直担心我是否适合当老师,是否能够当上老师。"

"嗯,担心也很正常。你先把当老师应该具备的条件都弄清楚,并且做好相应的准备,准备得越充分,你的担心就会越小,信心也就越多。"

"嗯,但是我每天都觉得不知道自己在忙什么。"

"老师给你一个建议:从现在开始,把成为一名语文老师作为你大学的目标,把成为一名像你的偶像那样的优秀教师作为你的人生目标,把你的目标牢牢地印刻在心中,也可以写进今天的日记里,偶尔拿出来看一眼,不忘初心,砥砺前行,才能始终牢记自己的追求。它是你人生的灯塔,会给你指引前进的方向,并且会带来成长的动力和克服困难的勇气,给你带来意想不到的变化。同时你也要把学习的内容和时间做个详细的规划,列一个每周、每日的日程表,每周对照检查任务执行情况,把自己想当优秀语文老师的想法落实到日常的行动之中。很多人的想法没有得以实现就是因为只有想法而没有落实的措施,最后自然成了空想。你的学习内容是否可以圈定为四个范围:

一是专业课。这个必须学好,打好专业基础,拿到基本的学历,否则就达不到做老师的基本条件。

二是从现在开始收集教师资格考试和教师招聘考试的内容及要求具备的条件,按照当地的条件要求做好准备。一般来说都会有笔试和面试的内容,每个环节要搞清楚,做好知识、技能和能力上的储备。

三是学习书本知识之余还要锻炼自己各种必要的能力。教师不仅要教课,有的还要做班主任,要和其他同事合作共事,要和学生家长沟通交流,以后还可能当领导带领更多的人一起工作,把你的教育理念扩展到更广阔的区域,像陶行知一样通过开办教育来改变中国的命运,所以必须具备协调与组织能力。在大学期间要多参加各种组织活动,有意锻炼自己的这些能力,让自己变得更主动和积极。

四是扩大知识面,不能被专业限制了视野。努力让自己博学多才,多方吸收营养,从知识中获得乐趣,这样你将会过得非常充实。学习的忙碌和不断积累知识的成就感,可以让你真实地活在追求人生目标的当下,使你无暇去品味过去的苦涩,用更有意义的行动去置换过去的那些胡思乱想,烦恼就会逐渐减少,你的天空也会逐渐晴朗起来。"

"谢谢老师,我明白了。"

"很好,你是学中文的,可以多了解一下王阳明的思想。知行合一,重在做。陶行知是著名的教育家,也是王阳明思想的忠实追随者。要深入了解我们的传统文化,古圣先贤留下了太多能让你受益终身的伟大思想!"

"老师我一定会多多学习,谢谢!"

由于人与人之间的个体差异,对于"志向"的引导也要因人而异,没有统一的模式。如果说有共性的话,那就是因势利导,结合各方面的条件来进行咨询。比如,对于选择平淡生活的人,不能说他们没有"志向",他们的"志向"就是平淡地生活。一个真正接受平淡而不焦虑的人也可能是不经意间领悟了人生的真谛,一定要给予肯定。

对于甘于平淡人生的来访者,也要引导他们负起生活的责任,能负起责任的人才是真正成熟的人。一个真正能够享受平淡生活的人内心是很强大的,他能接受现实,克服各种困难,使自己保持一颗平常之心,这便是他的人生之志。他不会好高骛远,能够脚踏实地,没有过多的妄想,没有矛盾和纠结,始终保有一颗善良、愉悦的心,他们的"志向"何其可贵,一样能够发挥动力性作用。

2 激发生活中的兴趣

人的生活离不开兴趣。没有了兴趣,什么事情都会变得枯燥乏味。无论是学习还是工作,有兴趣就能废寝忘食,不知疲倦;没有兴趣就会无精打采,百无聊赖。

兴趣是人的心理体验,也是激发人们行动的直接动力。兴趣所引发的一般都是正能量,能让人兴奋、增强注意力、激发人的正向行为等;厌倦所引发的多是负能量,让人感觉无力,趋向于回避或者远离。也就是正能量引起的是趋向行为,负能量引起的是回避行为。

一个人的兴趣也是在不断发展变化的。在人生的不同阶段和每天的不同时间都有可能被不同的兴趣所吸引。每个人的兴趣也是有差异的,有人喜欢旅游,有人喜欢美食,有人喜欢文学,有人喜欢科学;有的兴趣广泛,有的兴趣缺乏;有的兴趣是正面、积极的,有的兴趣就是负面、消极的。无论人的兴趣如何差异,它对人的动力影响作用却是作为共性存在的。

我们知道心理健康出现问题的人,负能量是偏高的,那么正能量就会相应偏少。在心理咨询过程中,对于负性情绪占优势的来访者,尤其是抑郁倾向严重的来访者,要充分利用和激发他们原有的兴趣,让兴趣的火焰点燃生命之火,积蓄快乐的体验,从而增强正能量,抵消负能量。如有的来访者非常喜欢体育活动,而且有两三项长期坚持的运动,那就应该肯定他的做法,并阐明体育运动对他的重要作用,促使他继续坚持锻炼,巩固对活动的兴趣;如果原来有对某项体育活动的兴趣但是现在停下来了,那就建议他重新开始,并商定开始的时间,督促来访者一定要落实。

在心理康复过程中,来访者对体育运动方面的兴趣比其他兴趣更重要,这是因为体育运动既可以作为兴趣起作用,又能在运动过程中产生多巴胺,提高人的兴奋度。另外运动还可以舒筋活血,增加身体供氧,调节神经和各种脏器的功能,可谓是一举多得,所以说非常重要。体育运动贵在坚持,不能三天打鱼两天晒网,否则运动的效果就要打折扣了。

有一位来访者的父亲介绍了自己摆脱抑郁症的心路历程,他年轻的时候心理咨询还没有普及,他辗转到国内一个较大的精神疾病医院去看病,医生给他开了一些抗抑郁药物,但服药后抑郁症还是没有得到根治。他意识到自己不能一直这样下去,还要娶妻生子,成家立业,赡养父母……这是他的责任意识,也可以算是他的"志向"。他下定决心一定要走出抑郁状态,回归正常生活。于是他想到了一种调节身体的方法,就是跑步。后来跑步成了他的生活习惯,也成了他最大的兴趣。

跑步并没有使他完全恢复正常,后来他又想到去钓鱼来丰富自己的兴趣。他通过不懈的努力,兴趣不断增多,抑郁的症状就逐渐消失了。咨询师通过他的状态根本看不出他曾经得过抑郁症,他满面红光,举止落落大方,侃侃而谈,完全没有曾遭受过抑郁症折磨的迹象,只能说他恢复得太好了。

这位父亲所使用的正是咨询师提倡的运动法与兴趣法。运动如果能够成为一种兴趣,对于调节和转化人的心理问题来说犹如心理上的"安宫丸"。

兴趣对于抑郁情绪具有积极的提振作用,对各种负面情绪也能起到转移的作用。有一位患有重度强迫症的理科生,通过访谈了解到他家住在农村,父母养育了四个孩子,他是老大,大一入学后对学业比较迷茫,责任感和孝心都很匮乏,不知道自己为了什么而学习。同时还了解到他对剪纸很感兴趣。

在咨询过程中咨询师着重做了两方面工作。

一是通过交谈让他理解和体会父母的辛苦以及对孩子们的付出和期望,燃起他心中对父母、对他人的良善和责任之心。

交谈中一定要深入理解和体会父母的不易,让他看到父母对子女无怨无悔的付出。我们培养一个孩子都倍感艰难,何况养育四个孩子,尤其还是在农村。咨询师要与来访者共情而不是单纯的说教,让来访者迷茫的心在深刻的情感体验中被打动,正能量就会开始滋长和增强;

二是鼓励他在学习专业知识之余,不断提高剪纸技术的水平。

学生愉快地离开咨询室,之后没有再做咨询。临近该学生大学毕业时,有一则"某某同学毕业汇报——剪纸艺术展"的海报引起了咨询师的注意。咨询师特地抽出时间到展厅观看,琳琅满目的剪纸作品布满了展厅的四周,连美术专业的学生都很难达到如此盛大的展出规模。咨询师非常欣慰地从不远处望着他,他自信的状态和充满力量与美感的作品,已经告知了咨询师想要知道的一切。

剪纸的兴趣转移了他的注意力,并增强了内在的正能量,负性情绪逐渐消减后强迫症也就好了。

在咨询过程中对一个人的兴趣进行详细了解后就可以知道其动力来源情况,并判断动力的强弱。同时也要结合来访者的矛盾和烦恼的实际情况来判断。如果其兴趣虽然很多,但是烦恼也不少,心理的状态也不可能愉快;如果来访者的兴趣虽然不多但是并没什么烦恼,其内心也可能是平和而愉悦的。所以我们要用理论联系实际的观点看问题,才能够把握问题的关键,从而采取有针对性的咨询手段。

3. 给予肯定、支持与赞美

肯定、支持与赞美的积极情感,符合人的内在心理需求,会给人带来积极的情感体验,激起人的正能量。可是在现实生活中,无论是家长还是老师,总是"恨铁不成钢",往往采用的是"激将法"的教育手段,习惯性地对孩子进行说教、指责和批评,有的甚至是责骂和殴打。前来做心理咨询的来访者,无论是成人还是孩子,很多人都是在这样的教育环境中长大的。

有一名女大学生,曾多次有过极端消极的想法。在她介绍自己的成长经历的时候,咨询师的眼睛也红了。

她说:"从小到大,母亲从来没有肯定、赞美过我。我感受最多的是呵斥、谩骂和毒打。母亲把那些骂不出口的话都能用在我的身上,想动手的时候,随手拿到什么就用什么,有时用自行车的锁链抽打,有时用剪刀逼向我的脖颈。虽然是亲妈,但是还不如后妈。"

这种当然属于极端情况,而习惯于批评和指责的父母并不在少数。中国社会的老师和父母习惯于使用批评和指责的教育手段,与我们的文化环境有关。从传统的角度看,我们中国的父母比西方国家的父母多了一个家长的称谓。不要小看这个称谓,一个"长"字就赋予了父母"管"的责任和权利,家长就得说了算,就得要管。在西方国家父母的责任是养育,而我们的父母除了养育之外还要"管",这一"管",就有了"居高临下"的感觉,就有了真理掌握在自己手里的感觉,甚至是"颐指气使""盛气凌人";我们的儒家思想也规定了家庭的伦理,"父为子纲""长幼有序",孩子必须听从家长的,而在西方国家,重视个人的独立与自由是一种普遍现象,父母也会比较尊重他们的意见,对孩子干涉得比较少;另外我们的社会正处在快速发展的阶段,竞争比较激烈,特别是考试升学的竞争给家长造成了巨大的压力,很多家长都处于焦虑的状态之中。

如果再突发工作和生活上的矛盾或压力,家长就容易把孩子当成宣泄焦虑情绪的对象。很多老师本身又是家长,同样会承受很多的社会压力,负性情绪也不少。父母和老师如果在原有压力的基础之上再叠加更年期的情绪变化,那么无论是自己的孩子还是学生,可能就要受到负面情绪的波及了。

我们说批评和指责容易使人产生负面情绪,尽量不要对别人使用攻击性语言。但也不是一概否定,关键是能否使用得当,能否起到良好的效果。必要的时候当头棒喝可能是最有效的。所以无论是肯定、支持与赞美还是批评或指责,都要依据具体情况恰当地使用,以理智为主导,避免情绪化。

我们都喜欢被肯定、支持和赞美,心理有问题的来访者就更需要情感支持了。因为很多人在成长的过程中,肯定、支持和赞美几乎是奢侈品,很少能够得到。如果他们得到别人的赞许和认可,会犹如久旱逢甘霖,产生透彻心田、暖遍全身的幸福感。甚至有的人不敢相信自己的耳朵,怀疑你说的是否是真心话,因为在批评环境中成长的人已经失去了自信。他们会用眼睛紧紧地盯着你的眼睛,怀疑自己是否听错了,怀疑你说的是否是真心话。

无论是在生活还是在心理咨询过程中,肯定、支持与赞美,都要真诚而自然,要有感而发而不是刻意为之,更不能表现为只是一种话术,否则很容易令人反感。

有一个孩子把别人家的玻璃打碎了,担心回家后被父亲训斥。回家后见到父亲也不敢正眼看他,一直低着头,等着父亲惩罚。父亲走过来抚摸了一下他的头,他的身体一阵紧张。这时父亲开口说:"你的事我都知道了,虽然打碎了别人家的玻璃,但那是你们玩的时候不小心造成的,你还当面向主人道了歉,爸爸不怪你。给你钱去买一块玻璃给他们家安上吧,以后出去玩一定要多注意安全。"

听完父亲的话,一股暖流涌遍他的全身,瞬间感受到了父亲宽容的爱。在这个案例中,父亲肯定的是他主动向别人道歉,这是敢于负责的表现,父亲是看到了孩子的优点——"敢于负责",所以要对孩子以肯定,这有助于孩子形成敢于负责的优秀品质。父亲的宽容和肯定,将会成为他受用一生的成长力量。

认识到肯定、支持与赞美的作用,我们在生活、教育和心理咨询的过程中都要尽可能给人以正向的肯定、支持和赞美,避免伤人自尊,对别人的心理造成伤害。

有一位非常有智慧的母亲,她把老师对孩子的负面评价都转换成正向的肯定、支持和赞美,使自己的孩子不断得到激励和成长。下面让我们一起来看这个案例。

第一次参加家长会,幼儿园的老师说:"你的儿子有多动症,在板凳上连三分钟都坐不了,你最好带他去医院看一看。"妈妈忍住老师对孩子不屑一顾的心酸,回家的路上,妈妈告诉儿子:"老师表扬你了,说宝宝原来在板凳上坐不了一分钟,现在能坐三分钟了。其他的妈妈都非常羡慕你的妈妈,因为全班只有宝宝进步了。"那天晚上,她儿子破天荒吃了两碗米饭,并且没让她喂。

儿子上小学了。家长会上老师说:"全班五十名同学,这次数学考试,你儿子排在第四十名,我们怀疑他智力上有些障碍,你最好能带他去医院查一查。"走出教室,她流下了眼泪。然而当她回到家里,却对坐在桌前的儿子说:"老师对你充满了信心。他说你并不是个笨孩子,只要能细心些,一定会超过你的同桌,这次你的同桌排在第二十一名。"说这话时,她发现儿子黯淡的眼神一下子充满了光亮,沮丧的脸也一下子舒展开来。

孩子上了初中,又一次家长会。她坐在儿子的座位上,等着老师点她儿子的名字,因为她儿子的名字总是在差生的行列中被提到。然而直到家长会结束都没听到他儿子的名字。临别去问老师,老师告诉她:"按你儿子现在的成绩,考重点高中有点危险。"听了这话,她惊喜地走出校门,心里有一种说不出的甜蜜,她告诉儿子:"班主任对你非常满意,他说了,只要你努力,很有希望考上重点高中。"

高中毕业了。儿子从学校回来,把一封印有清华大学招生办公室的特快专递交到母亲的手里,然后突然就转身跑到自己的房间里大哭起来,儿子边哭边说:"妈妈,我知道我不是个聪明的孩子,可是这个世界上只有你能欣赏我……尽管那是骗我的话。"

这是一个广泛流传的案例,很多人可能都看到过。之所以在这里再次分享给大家,是因为妈妈把老师的否定性语言转换成了鼓励性的语言,看似妈妈没有讲真话,但正是妈妈对孩子充满希望和无限深情的话给孩子以鼓舞的力量!

4. 滋生内心的善良与慈悲

善良与慈悲是能体现人类本性的基本情感,饱含对人的理解、关怀和同情,它像温暖的阳光与和煦的春风一样,抚慰人的心灵,给人以精神上的慰藉和鼓舞。善良和慈悲与爱不同,它们是情感的基础层次,而爱则属于情感的较高层次。基础情感具有广泛性特征,在一般情况下都能体现出善良与慈悲,而爱的情感则比较狭窄,具有一定的指向性。心理咨询师热爱自己的咨询工作,篮球运动员热爱篮球运动等,都具有明确的对热爱的内容指向。一个人对某事物怀有善良和慈悲之心,不等于热爱该事物。就像心理咨询师对来访者怀有善良和慈悲之心,但是不一定有热爱之心,这是两种不同层次的情感。所以人具有善良和慈悲之心是最基本的要求,不是较高层次的要求。

一般来说,心理有问题的人,由于长期负性情绪的累积,内心之中塞满了负能量。这些负性情绪亦即负能量,犹如大小不等的冰块,降低了人的体温和热情,大多会表现出冷漠、孤僻、胆怯等特征。他们不喜欢热闹,不善于交往,容易看到事物的阴暗面,容易回忆起过去那些不好的经历,对现实多有不满,对未来多有担心。话语中埋怨、责怪、讽刺、批评的词汇较多,不善于开玩笑和幽默,亲和力较差,朋友很少。这些负性情绪也犹如炸药,稍有火星就容易立刻引爆,产生强烈的情绪反应。

由于心理有问题的人(排除一时的、由偶然事件引发的)长期处于负性情绪之中,他们内心的善良与慈悲被挤压在角落里,很难得到主动表达和展示，他们更多地倾向于希望得到别人的理解、同情、关心和照顾，更希望得到别人的肯定、赞美和爱戴。久而久之就形成了在情感上习惯于接受别人正向情感的依赖性，而不善于向别人输出自己的正向情感，是情感索取型的。所以表现为对亲人、朋友、同学和同事等都不太关心，对别人的事情漠不关心，可内心却希望别人都对他好。所以很多时候无论在情感还是行为上，都显得像小孩子一样不成熟。这种不成熟也表现为不能换位思考，不会站在他人的角度去理解和同情别人，善良和慈悲之心被负性情绪所抑制，不能形成像汽车启动电源那样的启动能量，正能量应有的作用就没有得到充分的发挥。所以滋养内心的善良与慈悲，就是培育正能量的星星之火。用关注外在事物的方式，燃起内在的善良与慈悲之火，从而产生一种促使自己不断成长的、可持续发展的内在力量。

在心理咨询的过程中可以结合各自不同的情况，滋养来访者内在的善良与慈悲。

可以在家庭的生活中，在与父母和亲人相处的过程中激发相应的情感。就像在"心灵的转化"那部分内容中介绍的那位女士对她父亲认知的转化，她非常后悔这么多年来一直都在怨恨父亲，是自己错怪了父亲。她喷涌而出的泪水就是善良和慈悲的外显，当她的善良与慈悲在内心中升起的时候，负性情绪就消失了很多，正能量与负能量就实现了对应的转化。

有这样一个案例。一位青年在社会上与黑社会混在一起，没钱花了就回家向母亲要钱。母亲想利用这个机会对他施加积极的影响，使他发生转变，不再回到那个不良的社会环境中去。母亲与孩子约定说："你先到敬老院做两个月义工，能顺利完成任务我再给你钱，相信两个月结束后你一定会有变化。"孩子想不就两个月时间吗，我可以坚持，另外也想向母亲证明自己是不可能有任何变化的。

这个孩子做事很认真，每天按时到工作岗位，做好分配给自己的工作。与敬老院的老人们接触后，他像照顾自己的亲人一样用心，不辞辛苦任劳任怨，老人们也很喜欢他，有时老人还会从家里带几粒花生、糖果等不太起眼的小零食给他，但是他所感受到的是饱含真情的关切，是温暖人心的礼物。良好的情感交融使他更加努力工作，把老人们照顾得无微不至，他也同时深受老人们的喜爱。令人意外的是，在这两个月的义工期间有很多大公司邀请他到公司就职。他疑惑地问，我何德何能让你们邀请我？公司人员说：

"就凭你的为人！你连没有报酬的工作都做得这么好，何况有报酬的工作了，我们不要你要谁？"

他的这一段义工经历虽然没有报酬，但是他的收获是无法用价值去衡量的。他收获的不仅是被认可，被很多公司高薪聘请，更重要的是在照顾老人的过程中，他的那颗慈悲、善良的心在不断地滋长，正能量也在不断积累、壮大，他也因此感受到了正能量所带来的愉悦与幸福，整个人的心态都随之发生了翻天覆地的变化，他转变成了一个全新的自己！

在心理咨询过程中要避免概念性地去理解善良与慈悲，要尽力用内心去体验，通过设身处地的体验才能理解他人、他事，只有理解才能产生相近的情感。一个没有经历过困苦的人很难理解他人的苦难，就像只有经历过战争的人才能理解战争的残酷。所以我们引导人们多关注弱势群体，多做一些义工和慈善，多关注亲人、朋友、同事或者社会其他人的疾苦，感同身受，给予一定的支持和帮助，内心的善良与慈悲就会逐渐生长，原有的负性情绪也会慢慢地退去，从而产生新的平衡，心境也会随之而改变。在咨询辅导过程中如果不能亲身体验，可以尽量用案例故事或视频等方式，提供直观感性的材料，使其心灵深受感动。

5. 增强自信心

心理有问题的人由于负性情绪使然，心态是消极的，看问题往往只能看到负性的一面，而忽视积极的一面。他们对自己也是这样，过多地关注自己的不足，而忽略了自身的优点，所以显得信心不足。信心不足则更容易担心自己能否好起来，无形中又形成了一种压力。如果自信心增强，形成"我一定能好"的积极信念，对心理的恢复就起到了一个正向的指引作用，犹如启动了心理恢复的按键。

可以通过很多种方式来增强自信心。

第一，要让来访者相信人的心理和生理一样，都有自我恢复的功能。如果心理问题不再有新的刺激叠加，一般假以时日都会逐步减轻或修复如初。心理危机的恶化往往都是由于恶性刺激不断，甚至再叠加新的刺激，再加上自己对问题过于担心和恐惧。一般比较简单的心理问题，随着时间的推移都会慢慢恢复的。正像法国作家雨果说的："时间是伟大的医生，它能医治人心灵上的一切创伤。"通过解释，让其理解自我恢复是一种本能性的功能存在，要相信这种力量的存在。

第二，理解转化的道理。世间万物都是发展变化的，没有一成不变的事物。看待心理问题也是一样，既然它能够出现，那么也可以消失，因为变化是世间永恒的规律，况且由于自我恢复功能的存在，心理状况自然会向好的方向转化。只要我们相信这种转化，就会增强信心，这就是中医所说的"扶正"，增强自身恢复的正能量。

既然知道转化的道理，那来访者自己一定能转化吗？让心理有严重问题的人理解并且相信其实是不容易的，因为他们很不自信，疑心比较重。那就让他从概率上去考虑，现实生活中绝大多数人都有过心理上的困扰，这些困扰一般都是自己解决的。我们每个人都有自我劝解的方法和自我防御的机制，"吃不到葡萄就说葡萄酸"。即使一些较重的心理问题，在心理咨询和药物的辅助下，也很快就恢复了。相信转化的力量，困难只是暂时的。

第三，相信咨询方法的合理性和有效性。前面已经说过了，心理有问题的人，对什么事情都是充满疑虑的，前来咨询，既是来寻求问题解决，也是来考察心理咨询或者考察心理咨询师的。考察心理咨询，是看看心理咨询到底如何解决问题，看看这个心理咨询师与其他心理咨询师有何不同。所以在"辨证"之后的"论治"阶段，要详细分析问题的性质、程度、形成的原因，以及现存的有利资源与不利条件，建议他运用哪些方法来综合、整体地解决问题，以及运用这些方法的依据和目的是什么，特别是针对他的情况需要特别注意的是什么，这样才能体现出解决问题的科学性、合理性和独特性，征得来访者的理解和接纳，以便于在理解和认可的基础上，使整个咨询措施得到顺利的贯彻和落实。

如果来访者能够接纳这种方法，并且相信这种方法能够给他带来希望，咨询师是可以感受得到的。如果他听完咨询师的分析和方法指导之后，眼神明亮，面颊泛光，情绪喜悦，说话声音增大，走路步伐也加快，连握手的力量都很大，咨询师就能感受到他的自信心上来了，咨询一定会有良好的进展。

第四，结合实际，憧憬未来。心理有问题的人，一般都是自卑的，容易否定自己，不能悦纳自己；习惯于用自己的短处去比别人的长处，自我评价非常低。增强其信心需要做的事情之一，就是学会看到自己的长处，并且习惯于关注自己的长处，而不要总是和别人比较。之所以不要和别人比，就是要以目的为优先考虑，这个目的就是要比就比出自信。要是比出自卑，把自己都比得颓废了,就不要比了。所以目的很重要,自信更重要,而让自己的自信重新回来比什么都重要。自信相当于"正气",有了它人就有精神头,缺了它人就会缺少阳刚之气而显出疲态。所以这里的"结合实际",就是结合自己的优势,规划出自己现在做什么,将来可以做什么,让未来的光芒照亮我们的现实,使我们的现在和未来形成一个链接,好像我们现在就身在未来之中,增强了价值感和意义感,当然这时候我们更多的是活在自己的意念之中。这种对未来的憧憬,作为一种精神力量,会增强我们的自信,增强我们克服困难的勇气和力量。

有一位学食品科学的学生,遇到了一些心理上的困扰,学习也受到了影响,学习动力不足,觉得生活非常灰暗。通过访谈了解到她很有上进心,对自己学习的专业也很认可。但是由于方向感不强,发展路径不清晰,加之又遇到了一些矛盾,所以情绪一下子低落了下来,什么都不想做。咨询师结合她的情况一起探讨对未来的设想。

"知道你是学习食品科学的,对这个专业很有兴趣吗?"咨询师问。

"也说不上有多感兴趣,反正不讨厌。"

"食品是人们最重要的消费品,与我们的生活息息相关,需求巨大。对你来说有没有什么机遇?"

"没有想那么多,只是跟着课程走,不过我对'吃'还是挺感兴趣的,自己也喜欢做一些食物。"

"我有一个想法,看看是不是能对你有所启发。"

"老师您请讲。"

"记得我第一次去市场,就买了盒'合肥四大名点',结果吃得好难过,吃不下扔了又可惜。因为太甜了,甜的都齁嗓子,而且还黏牙,口感很差。四大名点如果能够与时俱进做一些改进该多好啊!我当时就产生了这样的想法。"

"我没有关注过。"她笑了笑。

"一直到现在我都在想,这是否是留给后人的一道命题?我每次去外地总想带点合肥的特产,可是我应该带点什么呢?合肥有狮子头,但是油炸的东西很多人不喜欢。我曾经产生过一个念头,如果我从事食品加工行业,我就改良'四大名点',让合肥的特产再一次誉满四海。你想过没有,改良的意义在哪里?"

"老师，我们的视野太窄了。"

"我的理解不一定对，我觉得食品做好了也可以成为礼品。既是食品，又是礼品性的商品，一定深受消费者的喜爱。销量就不成问题了，问题是会出现假冒伪劣。"两个人会意地笑了。

"嗯，食品做好了也是很有前途的。"

"我们还是回到'四大名点'上，如何才能把它们做好呢？我们现在就可以简单规划一下。食品首先从需求考虑，包括外观、口感、营养和卫生安全。如果在外观设计上注重艺术性，适应更广泛的人群，就能抓住人的眼球，起到很好的广告效果；如果从味觉和嗅觉，以及软硬、松脆等方面，特别是从营养的搭配上让其更加合理，卫生更加安全，有国家的权威认证，就增加了产品的好感度和可信度；再次，从销售的角度，可以有简易环保包装，也可以有做伴手礼用的精致包装，根据不同的分量和不同的包装样式，为不同人群提供不同的需求；另外在销售渠道上可以是线上线下同时进行。核心要素还是食品的内在品质，如选料、配方、烘焙工艺、营养配比等，都要有详细的规划。在资金投入层面则可以独资，也可以合伙。"

"老师，你想得很细啊。"

"这只是我的初步设想，不一定对，主要是为了引起你的兴趣。如果你带着这些想法去学习，你四年的大学学习将会非常忙碌而充实。你可以查阅资料，可以做实验，可以走访调研，可以考察市场需求、包装材料和包装设计等。"

"老师，您说的时候，我也一直在想，这确实是一件很有意义也很有趣的一件事。如果我们不想这些，只想课本里的知识，会觉得很枯燥，把现在的学习和我关注的改良地产食品的想法结合起来，就有了奋斗目标，学习的动力就更足了。谢谢老师！"

这次很平常的谈话，目的是激发她对未来的憧憬，把现在和未来链接起来，使学习和生活变得更有趣且有意义，升起一种内在的力量。

阳性法是一个庞大的方法体系，它所包含的不只是以上介绍的几种方法，凡是可以增强人的正能量的方法都属于这个方法体系的范畴。

可以概括地说，阳性法既是方法体系，也可以是具体方法，它的核心是"扶正"，通过增强心理的正能量，解决人的心理失衡问题。

第十一章　阴性法"祛邪"

阴平阳秘,精神乃治。阴阳离决,精气乃绝。

阴性法是与阳性法相互对应的一种方法,它们之间既有相同之处,也有不同之处。相同之处,是指它们的最终作用都是"扶正";不同之处,是指阳性法是直接"扶正",阴性法是"祛邪",是间接"扶正",即控制和排除干扰正能量发挥作用的负性能量。比如说,我们给庄稼施肥、浇水、采光、通风等都属于增加庄稼的正能量,是属于"阳性法"的范畴;庄稼被土块压住了,我们把土块拿掉,庄稼生虫子了,我们给庄稼喷洒农药,就是给庄稼"祛邪",即排除对庄家形成干扰和破坏的负能量,这就是"阴性法"。"祛邪"的目的也是"扶正",只是方式和方法与"阳性法"不同而已。

如果说"阳性法"是对能量的增强或者扩张的话,那么"阴性法"则表现为一种控制与收缩。比如,躁狂症、强迫症和焦虑症等都是某种兴奋过于亢进的表现,就需要运用阴性法进行调整和控制,使兴奋和抑制趋于平衡。在医院里,医生的调节方法主要是依靠药物,大体上可分为两大类:一类是抗抑郁的(提高兴奋)的,一类是抗焦虑(降低兴奋)的。之所以名目繁多,是因为走的技术路线不同。就像现在抗击新冠病毒的疫苗一样,尽管有那么多种类,它们的作用是一致的,就是让身体产生针对新冠病毒的抗体。之所以疫苗名称不同,是因为走的技术路线和生产厂家不同而已。

心理咨询与药物的治疗手段不同,主要靠排除相关事件的干扰,调整负性的认知,化解内心矛盾等心理学的方法,它体现了"心病还须心药医"的观点。当然有些情况也需要用药,这要根据具体情况而定。心理问题在多数情况下是可以不用药物的,但是在较重的情况下一定要通过药物干预。如有自杀倾向的抑郁症、严重焦虑症、精神分裂症及精神分裂倾向等,一定要用药物治疗。同时我们也要清楚,即使是用药,也还是要配合心理咨询,药物所起的作用往往是应急的"止血"作用,是治标,心理咨询才是治本。

只有心理咨询才能转化其认知和情感,去掉心病。比如,内心对某个人几十年的怨恨,靠吃药能把这种怨恨消除吗?显然做不到,那么这个心结解不开,怒气就还在,烦恼也还在,心病也就在,病因没有消除,就不能从根本上解决问题。所以解决心理问题还是要靠心理咨询。

阴性法的实际操作,在心理咨询的实践中也是运用比较多的,具体介绍如下。

1. 顺其自然,缓解焦虑

现今社会,很多人都处在焦虑的状态中。焦虑来源于人的不安全感,来源于对未来的过于担心。特别是中国人好面子,攀比的意识很强,对达不到自己预期的担心也很强,焦虑感就很重。特别是家中有中考和高考孩子的父母,心理压力更大,焦虑感更强。家长的这种焦虑往往是孩子心理问题的重要来源。如果父母在原生家庭中就形成了某些心理问题,再加上孩子迫在眉睫的升学压力,就会引发出更多的焦虑情绪,在家庭生活中也会出现更多的争执和矛盾,冲突不断。

有这样一位母亲,孩子即将参加高考,自己在单位负责专项工作,工作上的事情多,矛盾也多,责任和压力都很大。在她介绍自己情况的时候,咨询师看到了她努力学习、追求上进、永不服输的顽强品质,可以说是个很优秀的人。就这样一位优秀的职业女性,在流着眼泪诉说自己的苦楚,可见其内心的压力有多大。

她说孩子最近出了些问题,前一阶段没有上学,还在家休息了一段时间,到医院检查,医生给开了抗抑郁的药,现在还在吃,孩子总是怪罪她,说妈妈如何不好。她也承认,过去是对孩子要求严格一些,批评的时候多一些,但是没有想到会对孩子造成那么大的伤害。工作上压力也很大,几项工作都需要她来具体负责,有些事情还很棘手,不堪重负。

谈话中,咨询师觉察到了她的男性性格特质,比较硬朗,坚强,拼搏,不服输,是一个很强势的女人,说话声音大,性格直率。

咨询师体会到,如果一个孩子和这样的妈妈在一起,就像一个监狱的犯人和警察待在一起,始终被看管着,经常被批评、训斥甚至谩骂,很难感受到母亲那种柔软的温情,孩子的心情一定是压抑的,心理需求的满足是有缺失的。

所以,调整母亲的认知,转化母亲的心态,能够缓解现在的心理压力,也是在间接地帮助孩子,为孩子创造良好的家庭氛围。

首先和这位母亲聊了聊水的特性。水是我们都很熟悉的物质,仔细观察水,它会告诉我们很多道理。水是柔软的,人们都愿意亲近它;水是不断变化的,随形而变,装在杯子里是杯状,流淌在河里是河状,到了大海里则是大海状,它也随温度而变,遇冷结霜、成冰,遇热化为气体,飘向天空,遇冷又会变成雨水洒向大地,它遇到高山会绕行,迂回婉转,终能到达目的地。道德经上讲"上善若水",诠释了水对自然的适应性和变化性。

如果从中国古典哲学思想的角度看,男人属阳,女人属阴。男人应该阳刚一些,女人应该温柔一些,这样是顺应天道,即符合规律。对照一下,我们的契合程度如何?

可以回顾一下,你在批评、责怪、体罚、打骂孩子的时候,自己的形象是什么样的?是温柔慈祥的,还是凶神恶煞的?可以对照镜子看看自己是什么样子的,亲身感受一番。

如果孩子看到这张脸,会是一种什么样的感觉?她还能感觉到那是自己的母亲吗?

母亲对孩子的教育应与父亲有所不同,更应该体现出水的特性,就像打太极拳,以一种更温柔、更易于被接受的方式来达到想要达到的目的。这样不仅达到了目的,还巩固了亲情关系。但现实是,由于每个母亲在成长过程中形成的心理状态不同,现实中感觉到的压力不同,对母亲的角色认知也不同,具体的表现就会有所不同。一般来说,负性情绪多的母亲,负性的语言就多,容易情绪化,冲动性强;强势的母亲发号施令的时候多,要求孩子一定要服从自己的意志。自己的观点永远都是对的,别人的都不正确。对孩子提出的要求,孩子必须做到,做不到就要批评、指责甚至打骂。

通过反思和觉察可以体会到,我们有没有情绪化?我们有没有强势?有,我们现在就开始改变。前面对于水的理解,是改变的指导思想,而满足孩子的需求,是改变的直接目的。回忆一下,孩子对你抱怨最多的地方是什么,就从那个地方开始改。

这段谈话主要想表达的是，通过自我调整，做到顺其自然，恰到好处，不可以强求，也不可以太强势，急躁的脾气少了，性格温柔了，与孩子的关系也就会和谐很多。

至于工作上的事情，也是要顺其自然，量力而行，如果实在做不到，那也是力所不能及，问心无愧就行了，有些不尽如人意也是正常的，正所谓"花不全开月未圆"。

顺其自然也是接受现实。

有一个学生，考入某所大学后，不认可这所学校，书包里装的书还是高中的课本，想要考清华北大。如果说他确实很优秀，没有考好再复习也许能够有机会进入清华北大，可现实情况是，他的知识水平和自理能力都不是很强，能顺利读完一个普通本科就很好了。他在大学四年期间依然怀有清华北大的梦想，恍恍惚惚地毕业了。这是一个典型的不接受现实的事例。

还有一位同学也是想退学，想再考一个更好的大学，后来经过和咨询师的交流，接受了现实，安心在所在的学校学习了。这个学生有严重的自卑倾向，不敢正视别人。第一次与咨询师谈话，50分钟时间只看了一两眼咨询师，在看咨询师的时候头迅速抬起，然后又迅速低下，显得过于紧张。第二次谈话时，他看咨询师的时间明显增多了，自信心增强了。他的话语很少，只是"嗯、啊"地答应，态度很好。咨询师知道他想退学之后，跟他说：

"你心里对自己所考入的学校不满意，这可以理解。因为我们都想考入自己理想的学校，读自己喜欢的专业。可是毕竟受招生人数的限制，受考试临场发挥的好坏和其他考生的竞争因素等诸多条件的影响，造成我们不能如愿。每次考试都有如愿的，也有不如愿的，可能不如愿的要多于如愿的。不如愿的怎么办，都退学重考吗？显然绝大多人还是选择了接受这个没有考好的现实。接受了这个现实，不等于自己就停留在现有的学历水平，我们还是有机会通过硕士、博士研究生考试，走进你心仪的大学。你不妨早些做好准备，争取考出优异的成绩，你的愿望就有可能实现了。进入哪所学校并不决定人生的命运，决定命运的是你是否选择了正确的方向，是否选择了适合你的路径，是否能做到沿着这一路径坚定地前行，而不是走偏了或半途而废。你想想是否有道理？进入这所大学，不是把你的人生定格在这里，谁也不能限制你的发展，一个人是否能够发展，发展到什么程度，很大程度上依赖自己的努力。通过前面的交谈，了解你是心中有目标的人，上次咨询结束时观察到,你在校园里走路时都有一股力量。

很多时候,在大致相同的条件下,学习的好坏主要靠自己的努力。普通高校有好多学生不也考入国内一流高校的研究生了吗?有的还留在一流的高校做了老师、教授。你再想想,如果你退学了,假使再高考时考入的学校没有你现在的学校好,你能够接受吗?咨询师的建议是:接受现实,从现在的起点重新开始,向着自己的理想目标迈进,制订计划,做好时间表,每周做一次检查和反思,督促自己前行,你的大学四年一定会有丰硕的成果。我所说的收获,不光是考研,也包括你身体的健壮,人格的修养和能力的提升等。要知道无论本科、硕士还是博士,步入社会后主要是用你这个人,一个能够胜任工作任务的人,而不是只擅长考试、不擅长做事的书呆子。所以我们需要学习的内容不光在书本里,还要在生活中不断学习,学习克服各种困难,学习与人相处,学习团队合作等,通过四年的学习,成为品学兼优、德才兼备、身心健康、符合社会需要的人,成为具有较强的社会适应能力、堪当重任的人。如果你心有不甘,就从现在开始努力完善自己,把握住现实的机会,别再犹豫了。"

虽然咨询师的话比较多,他一直在认真听,从状态上看似乎是认可的。咨询过后第三天反馈的消息是,他不再要求退学了,已经接受现实开始认真学习了。

这里所谈的"顺其自然",是阴性法的体现。它表现为通过调整和控制,使人的认知和行为更加符合客观现实的需要,从而避免产生更多的矛盾和不和谐。"顺其自然"既可以是解决问题的具体方法,也可以看作解决问题的指导原则,完全可以根据具体的实际情况发挥作用,针对性非常强,但是如果刻板和教条,可能就失效了。

2. 降低目标,接受现实

人的行为需要一定的动机来驱使,缺少动机,行动将缺乏动力,什么也干不好。动机过大也不行,动机过大或过强,造成人的过分紧张,反而会使行动偏离既定的轨道,出现与预期相反的效果。

降低追求的目标,也可以说是降低标准,就是考虑到有的人追求与客观实际不匹配的目标,凭自己的实力很难达到,所以因过于担心达不到而形成了过分的担忧,从而产生心理问题。

解决问题的方法之一就是适当降低自己的目标,让紧张的情绪缓解下来。情绪缓解之后,心态也会变得平和,使潜能得以正常或超常发挥,也许就能实现原来的那个较高的目标了。所以降低追求的目标,是为了缓解紧张情绪,而不是去减少努力程度,反而是为了取得更好的成绩。但是由于人的认知偏执,不愿意降低自己追求的目标,完全不能接受考入心仪大学以外的地方,以为自己接受了另一个档次的大学,就一定会到那个大学去读书,所以坚决拒绝。

那么坚决拒绝其他学校的选择,就一定考上你想去的学校吗?如果你依然是这样过度紧张,连觉都睡不好,怎么能正常发挥考进你想去的学校呢?

任何事情的发展都有多种可能性,我们要做好最坏的打算,并向最好的方向努力,才能有备无患。我们降低目标是从心底里做最坏的打算,并能够承受这一最坏的或者说是不太理想的结果,心里反而会踏实下来,情绪也会变得平和许多,更有利于自己的发挥,也许会取得意想不到的成绩,最起码不会是最差的成绩。

有一位高三的艺考生,父母离异,跟母亲在一起生活。她性格内向,有些自卑。母亲比较焦虑,也比较强势,对女儿期望比较高。女儿平时考试的成绩波动较大,有100分左右的波动,母亲带她进行心理辅导,期望高考能够考出好成绩。在咨询中除了母亲与女儿的关系,以及孩子的自卑与抑郁情绪之外,重点是稳定母亲高考前的焦虑情绪。

咨询师与他们一起商量,降低追求的目标,并发自内心接受这个目标,稳定情绪,以提高考前剩余时间的复习效果。高考分数很出人意料,她考出了平时模拟考试时的最高分,而且一分不差。所以降低了追求的目标,缓解了紧张状态,最后实现的有可能并不是降低后的那个目标,而是最理想的目标。

卡耐基在《人性的优点和弱点》这本书里所讲的一个故事也会对我们有所启发。

故事里讲的是美国人汉里,由于过度忧虑得了胃溃疡,后来病情严重恶化,医生认为他已经没救了。他每天只能吃一些容易消化的流食,勉强维持着生命。一段时间后他想不能就这样等死,在他没死之前还要实现他周游世界的愿望。医生警告他说:如果真的要周游世界,只能把骨灰撒进大海里了。他说没事,我可以随身携带自己的棺材,死后请人将棺材运回我的老家。就这样,他带着心愿开始了旅行。经过太平洋、印度洋到了中国、印度……

旅行中他感到从未有过的放松。慢慢不用再吃药了,也不用洗胃了,逐渐可以吃多种食物了,还喝起了老酒,结交了新朋友,玩游戏,唱歌,经历了季节风暴、台风……回国后体重竟然增加了不少。医生见到他都非常惊讶,觉得非常不可思议。

后来有人采访他并在采访中分析道,他是从内心里接受了最坏的结果,也就是接受了不可避免的死亡,认为死亡终将到来,无论什么时候到来,他都做好了准备,带上棺材,死了就结束旅程,装进棺材拉回来就是了。内心里接受了最坏的结果,不用为了追求活命而担心死亡,心里也就轻松了,轻松带来了身心自我恢复的能量,身心恢复了平衡,身体也就康复了。

降低追求的目标,一方面表现为不要抱有过高的期望,不要自不量力,好高骛远;另一方面是要接受不可改变的已经发生的现实。人们往往在放弃较高的目标和接受不愿意接受的现实之间痛苦地挣扎,千方百计地拒绝接受,挣扎和拒绝的过程是非常痛苦和纠结的,让人很难承受。可是如果做到了,情绪就会平和下来,心态也就好了。

3. 排除负性事件的干扰

在心理咨询过程中,排除负性事件的干扰也是"祛邪"。心理的问题一般都是多重负性事件叠加的结果,只有少数较轻的心理问题是由单一的事件引起的。那么排除现在和过去一直困扰来访者的事件,是解决心理问题的当务之急。

有一个女性来访者,三十多岁,身材中等,表情纠结。在谈话中了解到,她来咨询的目的是想和丈夫离婚,主要原因是她丈夫有了外遇,与前女友好了,她向咨询师描述了丈夫的出轨细节。来访者一边讲一边流泪,讲话的语速很快,声音也不小。她还介绍自己有产后抑郁。

从来访者的情况分析,她描述的咨询目的是想和丈夫离婚,那他们直接去民政局办手续不就解决了吗,何必来咨询呢?所以缓解情绪才是主要来访目的。这也符合我们中国人的性格特点,不说真实的目的,但是身为同胞的咨询师应该具有敏锐捕捉来访者核心问题的能力。也许在西方文化背景下,心理咨询师会建议她离婚,因为他们尊重人的自由选择,只要个人有离婚愿意,咨询师一般情况下都会选择支持,这是尊重个人自由、尊重法律的社会文化使然。然而中国的文化不同,中国的传统观念是"劝和不劝离",不能轻易拆散一个完整的家庭。

如果咨询师理解了中国的"家文化",理解"家"是社会最基本的组成单位,理解了"家和万事兴",理解了"修身、齐家、治国、平天下"的道理,也就理解了自己不仅是在帮助一个人,也是在维系一个家庭的稳定,从而维护社会的稳定,心理咨询的工作具有重大的社会意义。

这时候我们的咨询工作会有一种态度倾向——"劝和不劝离"。有人也许会说不是要"价值中立"吗?我们在咨询工作中当然要具体问题具体分析。心理咨询工作的主要目的是达到最佳效果,不能太执着于一些概念化的说教。在中国做本土的心理咨询,要遵循我国的文化和中国人的心理特点。

在"劝和不劝离"态度倾向性下的咨询,对来访者情绪的安抚也会显示出不同的做法。试想一下,如果我们确定了支持其离婚的倾向,会出现怎样的对话?这里就不再赘述设想的情境了,让我们回到如何稳定来访者情绪上来。

咨询师根据初步的分析,认为来访者虽然说是要离婚,但内心深处并不是真的想离婚,也许她曾有过离婚的念头,但是并没有坚定离婚的决心,她在婚姻中受到了创伤,急需心理的"包扎"。

"你说你丈夫出轨了,你亲眼见到了吗?"咨询师问。

"没有亲眼见到,但是他经常出差,而且在那段时间他和前女友联系紧密。我看过他们之间的微信聊天记录,语言很亲昵。我们为此吵了好多次。"

"他们之间的微信聊天有不堪入目的内容吗?"

"没有,但是语言中能感觉到他们的关系很密切。"

"很密切也是可以理解的,他们原来是同学,又是前男女朋友,偶尔有联系也是很正常的。"

"他们那段时间联系得太多了,我觉得是不正常的。"

"那你爱人怎么说?"

"他说他们之间绝没有什么越轨的事情,说我太敏感了。我实在受不了,要和他离婚,他不同意离婚。"

"出轨的事情在我看来,可能存在,也可能不存在。你认为的存在也可能只是推理和设想,不是真实发生的状况。我们一会儿听听你爱人怎么说。"

过了一会儿,她爱人来到现场,当面向妻子做出解释,并表示以后尽量少出差。她爱人明确表示不想离婚,他很在意自己的家庭,对孩子也很负责任。从讲话的态度来看,她爱人是很诚恳并有责任感的人。

"从刚刚与你爱人的交谈感觉到,你爱人是一个有责任感的人,也是一个诚恳的人,相信他说的,他们之间的关系就如他所陈述的那样。他也表示以后不再和她继续来往了,尽量减少出差的次数,安稳地过日子。你们的孩子还小,家庭应该尽快稳定下来,否则孩子也会受到伤害。家庭变故对孩子的伤害是最大的。为了孩子,你们要相互体谅,不要让对方担心,更不要引起更大的麻烦。"

谈话进行到这里也快到咨询结束的时间了,来访者的情绪稳定了很多。这里仅用此例来阐释如何排除他们之间遇到的干扰性的矛盾。实际上,这个矛盾是来访者在抑郁状态下新衍生的问题,这个矛盾事件不处理好,抑郁一定会更重。所以在咨询过程中要把排除干扰事件与原有的心理问题一并考量。几次咨询过后,有了明显的效果,她也很感激咨询师的帮助。她说她认识的一个人离婚后已经后悔了,那个人说有人建议她离婚她就离了。如果不听那个人的建议,也许就不会离。

从这个事件的处理过程来看,在解决她的整体问题时,化解一些重要事件的现实干扰就是"祛邪",有助于正能量的恢复,这与"扶正"是一致的。

4. 摆脱过去记忆的困扰

过往的经历都已经过去,但是有一些重要的内容却在记忆中保存了下来。记忆中的情节有的有趣,有的平淡,有的令人羞愧、内疚、屈辱、愤怒、怨恨或是悲伤……所有这些记忆,都成了"我"的一部分,无论我们是否能意识到,都会对"我"的状态产生一定的影响。尤其是负性情绪记忆,对人产生的影响表现得尤为明显。

负性情绪记忆多而重的人,常常会在头脑中浮现过去的情境,稍微有一点刺激,他(她)都能联想起过去的负性事件,甚至联想起过去的一系列负性事件。负性情绪记忆多而重的人,常常有一种孤独感,夜深人静的时候时常回忆起过往的一系列负性事件,负性情绪也随之而起,羞愧、内疚、屈辱、愤怒、怨恨,或者悲伤,不断地被重复体验,每回忆一次就是复习一次,强化一次,所以记忆得非常牢固,经久难忘。但是它的每次重温,对我们都是再添一重伤害,可是被伤害者却浑然不知。

仔细想一想,过去的事情只发生过一次,可是由于我们千百次地不断回忆,也就千百次地再次受到伤害,把伤害放大了千百倍。

我们就像一只瘪了的皮球,自己还无意识地用脚千百次地去踩踏它,它还能再膨胀起来吗?所以把过去的负性记忆摆脱掉,有助于"我"的那只"瘪了的皮球"恢复到原本的膨胀状态。

摆脱过去的负性记忆,可以使用"翻页技术",就是把过去的记忆翻过去,开始新的一页。形象上可以这么说,但是要真正做到翻过以往页码是很难的,因为那些记忆刻骨铭心,加之不断地重现和复习,已经非常巩固了,而且回忆过去的事件已经逐渐形成为了习惯,习惯是很难改的。

可是无论有多难,想要走出心理的困境,都必须摆脱过去记忆的困扰,才能有一个良好的开始。摆脱过去记忆的困扰,需要依赖个人的两方面素质:一是要有认知上的领悟力,即能够理解摆脱过去负性记忆的必要性,理解得越深刻,摆脱的行为就越自觉,越有动力;二是要有克服困难、顽强努力、坚持不懈的意志品质,要有走出困境的决心和信心,不能急于求成,最终都会取得较好的效果。

摆脱过去的负性记忆,可以采取以下几种方式:

一是提醒自己,从今天开始,过去的事情就让它过去吧。无论过去的记忆有多么令人难以忘怀,都把它当成一场真实的噩梦,为了不让它再伤害到你,就让它过去吧,不要刻意地去咀嚼和品味,不再去研究和分析,把它当成一个魔盒尘封起来。即使我们主观上想不再去回忆和品味过去的记忆,但是过去的记忆还是会经常光顾。每次再遇到的时候,不能一味强行阻止,因为越是阻止越有可能造成自己的强迫症状。所以只是理性提醒自己,过去的就让它过去吧,那是过去的噩梦,不能总是用它来惩罚自己。

二是从认知上进行调整,打开关于那个事情的心结。心结一旦打开,关于那件事的负性情绪就会减少,伤害也会减轻。

有这样一个案例:一位女大学生,从高中时起就被诊断为重度抑郁症,有医院的诊断证明。女生长得很漂亮,可遗憾的是,她目光无神,抑郁的特征非常明显。她向咨询师讲述了过往的经历,伤心得泪如雨下,令人心碎。绝望的想法一直都在,总感觉内心昏暗阴沉,提不起精神。

第十一章 阴性法"祛邪"

她过去的很难启齿的痛苦的经历,是她挥之不去的阴影。她能和咨询师讲述,已经是很信任咨询师了。她和自己的父母都没有讲述过。伤害她的不仅是这个恶性经历,更严重的是因为这个,她对自己的父母产生了很大的误解。

根据这种情况,要想解决她的抑郁问题,化解对父母的误解并改变对伤害经历的看法就显得非常重要了。经过两个小时的认知转化,她轻松了很多。

第二天咨询师又把她的父母从外地请来,指导父母如何去化解与女儿的误会。父母知道了女儿的遭遇以及对他们的误会后,瞬间泪流满面,三个人抱在一起大声痛哭的场面感人至深,相信这个女孩的问题能够很快得到化解。

第三天收到了女生的信息:"谢谢老师!原来生活中还有诗意和远方!"并附有一个"笑脸"。之后这个学生没有再做咨询,相信她可以自我恢复了。

此外也可以采取虚拟的方式,化解其心中的"心结"。

有这样一个案例:一个大三学体育的男生,个头很高,长得很帅。他的问题是抑郁、焦虑和强迫倾向。通过询问得知,造成问题的原因主要是与其他人打架时被别人打了,学校正准备处分他;最使他感到痛苦的是,脑袋里经常出现他被打时的场景,像图片一样经常出现,怎么也抹不掉,越是不希望它出现它就越是出现,感觉非常痛苦,想死的心都有。

综合来看他的问题很复杂,需要采取综合的方法加以解决。任何单一的方法都是收效甚微的。在采取的多种方法中,有一项是运用催眠技术。在催眠状态下化解其因挨打而产生的愤懑、委屈,让他的情绪得以宣泄出来,在这样一个虚拟的状态下,解开他的"心结"。

催眠的时候他的爸爸也在场。催眠进行得很顺利,来访者很快就进入了催眠的状态。

"现在,你可以把过去打过你的那些人找到。"咨询师引导他。

"找到没有?"稍微停顿一会儿,咨询师问。

"找到他们了。"他回答,表情有些紧张。

"好,现在我把时间交给你,不再打扰你,你可以以符合法律和道德的方式,去解决你们之间的问题。现在就把时间交给你。"

咨询师开始观察他的状态。他躺在床上,面部表情明显开始紧张,双手紧握拳头,身体在床上左右翻动,好像是拳击状,大约两三分钟后,他的表情松弛了下来,身体的翻转也停止了。咨询师以为他的"处理"结束了,正要引导他结束催眠状态,突然他的表情又紧张了起来,又一次开始身体的翻转晃动。这次时间很短,大约不到一分钟,表情就开始松弛下来,看上去有种满足感。咨询师判断此次催眠应该达到了预期的效果。

事后咨询师没有详细询问他采取的具体措施,不过从催眠的状态中可以感受到,他"处理"得比较满意,其实这就可以了。我们就是要利用催眠所提供的虚拟现实,让他以不受干扰也不受法律和道德约束的方式,合理地进行"处理",以满足他的心理需求,消除其内心的困扰,释放出负能量,有助于整体心理问题的解决。

5. 禅修与觉悟

禅修是佛教中的一种修行方法,现在有很多人学习禅修,以期修身养性,保持良好心态,增进身体健康。禅修有打坐的方式,也有行进时关注呼吸的方式。据《佛陀传》介绍,佛陀在乞食的路上也行禅,内心专注自己的一呼一吸。

从心理咨询的角度,我们可以借鉴佛教的禅修方法,平和我们那颗已经散乱、躁动的心,让心得以收拢,恢复原有的集中与宁静。

几乎所有心理出问题的人,甚至我们生活中的大多数人,内心中都有不同程度的躁,时常难以安静与平和。通过禅修可以使我们的心态变得宁静而平和,能够更多地感受当下的安详与幸福。

很多时候,我们是行走匆匆的路人,是赶写材料的笔者,是追求某个目标的奋斗者,是对很多不确定事物的忧虑者……我们的这颗心被生活中的各种念头扰动着,难以平静。

在这里介绍一种动中禅,也可以叫生活禅,可以使我们这颗躁动不安的心得以宁静。

我们可以在日常行走时进行禅修。比如,自然放松地行走,不用刻意追求某种状态,顺其自然就好。不要有意识地限制,以免把自己搞成了僵尸状。在轻松的行走中,感受行走的当下,身体的所有感官都可以启用,顺其自然,少用思维判断,多用感官体验。如脚的触觉,可以感受到路面的状况,无论脚踏到什么,或者踢到了什么,脚有些疼痛,这都是切身的体验。保持一种愉悦的感知状态,避免负性情绪的侵蚀。迎面吹来的风,无论风大还是

第十一章 阴性法"祛邪"

风小,无论寒风还是微风,无论东南风还是西北风,都是一种肤觉,暖有暖的惬意,冷有冷的冰爽,感觉到了就都很好。看到的景色,无论是车水马龙还是姹紫嫣红,无论是高楼大厦还是绿野乡村,无论是晴空万里还是阴云密布,都是一种感觉,都是视觉盛宴。听到的声音,感受到的气味,也都顺其自然,可以规避让你不舒服的感觉,但是不要执着于摆脱它,那样我们就脱离了禅修的状态,心也就分散了。只要我们时刻处于这种感受的状态中,"我"就在我的心中,会感觉到轻松和愉悦。

生活禅也可以渗透到我们的日常生活中。比如在工作中做到尽忠职守,恪守本分;看淡荣辱与得失;做到谦让、互助和友爱。把在家里做家务也当成一种修行,能做多少做多少,不逃避、不抱怨,相互理解,共同分担。

我们无论在单位还是在家里,都能踏踏实实做事,不妄想,不贪婪,内心简单透明,没有那么多复杂的心机,不挑拨是非,保持内心的宁静而不散乱,心中自然就会有一种由平和衍生的愉悦。

有人认为,德国和日本生产的产品质量比较好,是因为这两个国家都认为工作就是一种修行,所以工作时比较专注和投入,做出来的产品质量才能好。我们知道,产品所体现的不仅是物理属性,还有人格属性深在其中。日本的"做中修行"是受中国的大思想家王阳明的影响,王阳明主张"知行合一""事上练",反对没有实用性的概念性知识。如果我们把禅修和生活结合起来,在做中学、做中练,将生活与身心保健融为一体,应该是一种非常有益身心健康的做法。

这里讲到的觉悟,是指以智慧的方式进行的自我放松,是在观念指导下的整体身心的放松。就是在理解人生观和价值观的基础上,把人的物欲转化为一种精神上的追求,看淡一切,看开一切,不执着于对物质的占有,不执着于功名利禄,以善良和慈悲的心对待所有的事和物,保持一种平常之心,平等之心,善良之心,顺其自然,尽力而为。

人和人是有很大差异的,有的人天生欲望多,动机强,争强好胜;有的人则欲望少,很容易被满足,煎饼卷大葱吃得也很香,并不渴求山珍海味。相反,有的人天性好强,乐于攀比,善用物质来满足精神的空虚。两者会表现出巨大的行为差异。物欲少者,心态大多平和,物欲多者,情绪波动较大,具有两极性,满足时兴高采烈,不满足时垂头丧气,闷闷不乐,郁郁寡欢。

多数人的觉悟是靠后天学习获得的。通过学习知晓人基本是活在一种状态之中,这种状态是一种自然放松的平和而愉悦的状态,是一种不为物欲所驱使、极易满足的简单生活状态。由于对物质生活的要求不高,又注重修养内在的丰盈,所以生活简单,人际关系和谐,遇到问题也能够以理解和宽容之心来化解,烦恼自然就少,心情自然就愉悦。

无论有无心理问题,我们都可以树立这种以保持平和而愉悦的心态为目标的人生追求。也许有人会说,谁不想平和而愉悦啊,但是就是有那么多烦恼啊,烦恼不除心理平静不下来,怎么能愉悦呢?

这的确是人生的难题,然而解决这一难题的唯一办法靠的就是觉悟。我们可以尝试把觉悟变成一种可以具体操作的方式。

确立以精神生活为主,做一个有益于他人的人。所有的人都处于物质生活和精神生活两种生活状态之中,这两种状态最终都转化为人的感觉,所以人最终还是活在自己的感觉之中,亦即精神状态之中。差异只在于这种精神状态是由追求物质,以及追求物质的过程所带来的,还是由追求某种精神境界,以及追求精神境界的过程所带来的。

确立以精神生活为主,并不是摒弃物质生活,而是不对物质生活设立过高的标准,把主要精力放在对精神生活的追求上。这里的精神生活不是指文学艺术那种具体的精神生活,而是指人的精神状态,是指人活在自己的精神世界里。这种精神状态是一切都尽力而为,顺其自然,力所不及则不必强求,永葆一颗平和之心。

这种精神状态是一种心怀坦荡的自我体验状态。当我们怀着这样的心看待这个世界时,那种没有纠结的平和,那种一切事物都有灵性和生命的感觉,让你内心充满喜悦与祥和,无意中你用平和的心与一切的一切都可以有心灵上的链接,你可以体验到平和是带有喜悦的正能量!

如何让平和的心与你同在?只要每天经常提醒自己"我有一颗平和的心"就可以了。提醒的次数不限,不要影响工作、学习和生活就行,做到随时随地提醒,无论是行走、吃饭、乘车、工作还是学习,想起来就提醒自己一下,尤其是最初体验的时候处处都要提醒,否则我们就又回到了原本的习惯状态。

我们可以体验一下:你照镜子时,当你怀有平和的心时,你的面部表情如何?当你想到某件令你憎恨的事时,你的表情又如何?

你可以再尝试一下,选择一条你经常行走的路线,你提醒自己"我有一颗平和的心"开始行走一两分钟,然后再怀着憎恨的心行走,比较你在这两种心境下,对你遇到的事物的态度和感觉有何不同?

这种由体验所理解的知识,与思辨所理解的知识截然不同。思辨是从逻辑的角度去理解,体验是从感受的角度去体认;思辨是思维的间接推理,体验是感官的直接确认。相比较而言,体验来得更真实,而思辨来得更虚幻。比如说"很冷"只是一个抽象的词汇,长期生活在不同气候条件下的人,理解的差异就会很大。比如,海南人说天真冷,可能温度是零上5度,可是对于黑龙江人来说,可能那不算冷。这时候去争辩冷与不冷就没什么意义,重要的是对冷的体验。所以我们不能忽视体验的重要性,尤其是心理感受,要相信感官提供的直接信息,相信自己的感觉。

禅修和觉悟是两种不同的调节方式,其作用都可以让人们躁动的心平和下来,回归到一种宁静与愉悦的状态。禅修侧重于用专注收拢散乱的心;觉悟侧重用智慧平和躁动的心。

6. 道德及其文化观念的约束

处于社会生活中的人,无论是正常人还是有心理问题的人,都必然受道德规则、法律规范及其他制度规章等的约束和影响。在心理咨询过程中,这些约束性的条目是以观念的形式存在的,尤其是道德观念对中国人的约束最为明显。因为以德治国是中国几千年来的文化传统,在这一点上中西方有很大的差别。一些道德观念在西方不一定有效,但是在中国,甚至在东方国家都是有效的。比如,"得饶人处且饶人""忍一时风平浪静,退一步海阔天空""任凭风吹浪打,我自闲庭信步""过犹不及"等思想,都是影响我们行为的重要观念,它告诉我们如何收敛和控制自己的行为。所以在心理咨询过程中可以充分利用传统的道德和文化观念,指导其认知和行为做出合理的转变,一些关系上的矛盾就有可能得到化解,有利于恢复心理上的平衡。

有这样一个案例:

"我晚上下班回家时,发现儿子不见了,只留下一张纸条,写道:'请你保重自己,我走了。'请问我该怎么办?"一位母亲突然打来电话,非常急迫地说。

"请检查一下儿子留下了什么,带走了什么。"咨询师说。

"只带走了一些生活用品,没有留下什么。"

"那应该不会有什么危险。"咨询师判断说。

过了两天,孩子发来短信"我很安全",然后就又没有了消息。

在这期间妈妈发的一条信息激怒了他,他回信说:"你再也不用管我了。"妈妈更急了,打电话不接,发信息也不回。

折腾了好多天,孩子终于回来了。妈妈和孩子商量一起去见心理咨询师,孩子勉强同意了。

这个孩子20岁左右,微胖,走路较慢,说话声音很小,情绪略显低落。通过交谈了解到父母离异后孩子感到很自卑,整天玩游戏。

综合各方面的信息可以判断出孩子的负性情绪占据优势,自卑、苦闷,人生没有目标,成长动力不足,但其内心善良,行为有礼貌。

由于孩子并不是主动前来咨询的,所以沟通很少,临走时咨询师建议孩子回去后读一读《弟子规》这本书。妈妈说:"正好,我书架上就有这本书。"

几天以后,孩子到外地上班去了。孩子给母亲发了一段信息:"母亲大人,我必须即刻向您道歉。儿子做了那么久的无耻之徒,母亲大人却心似海宽,能关爱原谅包容儿子的过错,耐心处理儿子所造成的恶果。儿子感激不尽,无以为报。"后来,又发来一百多个字的信息,表达今后将如何学习,把自己变成怎样的人。母亲当然也给儿子回了一份非常温暖的信息。

咨询师分析道:《弟子规》的学习对孩子的影响很大,否则不会说话都"母亲大人"这样文绉绉的。他的转变很大,说明《弟子规》给予他很大的启发,修正了自己的认知和行为,心态也变得更加积极了。

还有一个案例。一位40岁左右的女教师,与丈夫离异后情绪很不稳定。她经常觉得母亲像对待小孩那样去照顾她,自己不爱吃的东西,母亲却硬让她吃,把她弄得很生气。母亲的很多做法自己都看不惯,所以经常和母亲吵架,心里烦躁得很。

咨询师除了一般性的辅导之外,针对她和母亲吵架一事还做了特殊的辅导。就是向她介绍了中国的传统道德规范,对父母及长辈都要孝敬。如果有了一颗孝敬之心,就会理解母亲的行为和用意,即使有不如意的时候,也不会大吵大嚷。这也是文化修养的作用,用孝的观念限制了脾气的发作,维持了与母亲之间的和谐。

一周之后这位老师发来信息,说自己的状态好多了,和母亲也基本不再吵架了。认识她的人也和咨询师说,她的变化的确很大,说她在校友聚会时,表现得非常积极主动。

不要小看传统道德与文化观念的重要作用,它对人的心理与行为的影响是多方面的,尤其是在中国这样具有五千年文明的国度,更应该发挥我们的文化资源优势,发掘更有针对性的有效措施,实现最佳的咨询效果。

7. 自杀的特殊阻断

应对自杀者的危机干预方法很多,其中有一种自杀阻断方法,运用起来效果是非常好的。在多年的实践中,我们用这种方法挽救了很多人的生命。

最早开始运用这种方法还是在十多年前的时候。有一个学生留下了一封信就离开了,信的内容大概是:"三天以后,我就冰冻在这个冬天里。"

她把一些物品留在房间里,并指明将这些物品留给谁。种种情况表明,这个学生处在非常危险的状态之中,需要立刻联系家人,并在学校周边及本市的可能区域,派出大量人员广泛搜寻。同学、老师和家人也给她发信息,打电话,但是都没有回音。她的电话时断时续,经常处于关机状态。

学校对此情况非常重视,联系了省公安厅帮助定位一下她的手机,看看是在哪里,以便寻找。结果发现她已经离开了本市,可能在四川、重庆一带。由于已经离开本市,师生们就停止在本地搜索了。

内心的期望只能寄托在手机上了。

"你们现在都不要给她发信息了,信息太多,她也不一定会看。由我给她发一条信息吧。"咨询师说。

"某某你好!佛说,自杀是一种罪过,自杀者会变成孤魂野鬼,永世不得安宁。回来吧,老师和同学们都在等待你的归来!"咨询师发了一条与众不同的信息。

三天时间很快就过去了,这名同学依然杳无音信,她家人的情绪已经接近崩溃,甚至会与工作人员发生争吵。人们都在等待消息,既希望能有好消息传来,又担心消息的内容与人们的期待相反。可是无论如何,大家能做的只有等待。

第四天早上八点多,咨询师刚到单位就见到学生的亲属们都站在走廊里。她的姐姐老远就跑过来,紧紧地抱住咨询师,眼含热泪说:"妹妹来电话了。她的身份证和手机卡都扔了,是在四川甘孜那边的一个电话亭打的电话。"这样一个一直都在期待的,而又意想不到的好消息,对咨询师来说是何等的感觉体验啊!

于是我们立刻联系四川省公安厅,准备接她回来。在接她回来的过程中得到了成都地方派出所的干警和成都大学心理咨询师的大力帮助。虽然在回来的过程以及后续工作中都有一些意想不到的问题,但都得到了很妥善的处理。

在这里要着重探讨那条特殊的短信。这条特殊的短信所期待的效果是:对她想离开这个世界的想法与冲动,施加一次猛击,强力予以阻断,打碎离开这个世界的"美妙想法"。为什么说是"美妙想法"呢?因为自杀者一般都会认为,离开了这个世界就摆脱了烦恼,轻轻松松地、飘飘欲仙地离开这个世界,一下子摆脱诸多烦恼,正是她的"美妙想法"。在这种状况下,用常规的方式试图把她拉回来基本上是起不了什么作用的。比如"你爸爸妈妈多么想念你啊""你还有没有完成的学业啊""你还年轻,你的未来多么美好啊"……这些可能令她挂念的内容,她都想过无数遍了,基本上不会太起作用了。回拉不起作用,我们可以采用阻断的方法。让她觉得自杀不是美好的事情,甚至产生厌恶感和恐惧感,目的就达到了。

就这条短信来说,可能会引起她注意的是:这条信息是咨询师亲自发的,因为咨询师也是她的任课老师,所以是非常尊敬和信赖的;另外就是内容特殊,其内容与所有人讲的都不一样,让她感到震惊,受到触动,从被死亡的"美妙想法"所催眠的状态中惊醒过来。

这条特殊内容的信息不仅考虑到所达到的特殊目的,也考虑到他的父母都是虔诚的佛教徒,所以在短信内容中提到佛,目的是让她相信。

其实咨询师也不知道这是不是佛经上的具体内容,只是为了达到良好的目的而为之。这样做也不是对佛法的亵渎,因为咨询师的本意是挽救人的生命,是慈悲的体现,与佛法的精髓并不违背。

至于这条阻断的信息是否真正发挥了作用,咨询师也不知道,回来之后咨询师即使怀着极大的好奇心,想了解在她离开的这段时间的一些情况,但是碍于不触及对方伤疤的想法,一直都没有询问过她。即使在她之后几年的学习时间里,甚至在大学毕业以后,都与咨询师保持着良好的关系,咨询师依然没有问过那条信息是否起到过作用。

我们只是从原理上,承认会有阻断的作用。在以后的心理咨询过程中,面对有绝望想法的来访者,咨询师都会自然使用该方法。近年来,重度抑郁症患者有绝望念头的非常多,凡是被运用过此方法的人,没有一例出现过恶性事件,咨询师所在的学校好多年来也没有出现过恶性事件。当然任何好

第十一章 阴性法"祛邪"

的结果都是各方整体合力的结果,个人和单位的作用都是单一和有限的。但是我们仍然可以说,在这良好的效果面前心理咨询也发挥了积极的作用。

就在书稿即将修改完成的过程中,于 2021 年 10 月 25 日,咨询师收到了一位非常成熟的咨询师的求助信。在一个心理救助群里,有一位女士表示要在当天结束自己的生命,询问如何回复,如何干预。

大体过程如下:

女士:我今天晚上就打算结束自己。我太累了。我是所有人的负担。

求助咨询师:不好意思打扰您,在我建的心理救助群里面,今天早上 8:10 分有一位群友发了前面这句话,想向您请教该怎样回复或是介入?

咨询师的回复:"某某你好!佛说,自杀是一种罪过,自杀者会变成孤魂野鬼,永世不得安宁。"这是我过去干预的一个案例,对于有自杀倾向者可以采用这种阻断方式。

咨询师把过去以阻断的方式进行干预的方法告诉了那位求助的心理咨询师。咨询师努力与这位女士取得了联系,并进行了真心诚意的私聊。但是,该女士依然执着于今晚离开。

女士:今晚我一定要死成。

求助咨询师:您好,再次感谢您,你我素未谋面,您愿意把这么重大的决定告诉我,对我而言这是一种莫大的信任!可能这就是缘分吧。

女士:谢谢你!

情况依然紧急,咨询师果断运用了阻断的方法。

求助咨询师:我虽非佛教徒,但我也喜欢研究一点佛学。我听说佛讲,自杀是一种罪过,自杀者会变成孤魂野鬼,永世不得安宁。国内一位心理大师说,心理咨询机构是小诊所,寺庙才是大医院。您在皈依佛门后发现了自己的双相情感障碍,说明您皈依后不再需要隐藏和压抑,开始有了能量面对长久存在的问题。

女士:嗯,你的说法我认同。我应该好好考虑一下,很感谢您!

她的态度突然开始有了转变。

求助咨询师:我从事心理咨询 22 年来,陪伴过多位中度抑郁和双相情感障碍的来访者,他们基本都走出来了。从心理疾病学的角度,双相是可防可治的:精神科医生主治+心理咨询,效果非常好。

女士:至少我现在打消了自杀的念头。

这位女士自杀的念头打消了,我们成功挽救了这颗鲜活的生命!

咨询师:很好,你成功了!

求助咨询师:非常感谢您的悉心指导,我一步步按您的指点做,初步成功了。您的那段佛讲自杀的话,阻断的威力的确很强大,尤其是对于一个学佛的人。再次感谢您丰富的临床经验和线上现场的及时督导!背后有您的支持,我跟她交流时心里也很踏实!

这个案例就是该方法的最新一次例证。

这里我们仅举几例进行阐述,咨询操作时并不局限于这几种做法。

通过以上的介绍,我们对"阴性法"已经有了一个大体的了解。它最大的特点是:通过对人的认知、情感和行为的调节和控制,使人的某些具有偏执性倾向和冲动的行为得到遏制或调整,恢复人的平衡与平和的心态,实现正常的社会功能。需要特别指出的是"阴性法"不仅是一种具体的咨询方法,还是一个宏观的方法体系,凡是能起到相应作用的方法,都可以看成"阴性法"。

第十二章 关系法"链通"

心理问题是不良关系的产物。

"关系法"是本土心理咨询的三大方法体系之一,它与"阳性法"和"阴性法"是相互联系、相互包含的关系。即阴阳之间有关系,关系之中有阴阳;亦即阴阳是关系中的阴阳,关系则是阴阳之中的关系。它们之间既有所不同,又紧密联系,是不可分割的一个整体。

世间万事万物没有哪一件事物是能够独立存在的,都是由各种属性依据不同的关系状态建构而成的。我们所见到的很多现象只是事物属性的不同关系状态的外在表征,而事物的本质是由与事物相关的各种属性的不同关系状态决定的。

我们知道,一切事物都具有阴阳两种属性,阴阳两种属性会表现出平衡与不平衡等不同状况,这种平衡与不平衡也是一种表象,真正的决定性因素是阴阳之间各种影响要素间的关系状态。所以我们在心理咨询过程中,既要运用"阳性法"和"阴性法",也要运用"关系法",使心理咨询工作在关系层面更深入地了解心理问题形成的原因,以便疏通原有堵塞的相互关系,或者重建新的良性关系,促进阴阳间的良性转化,促进阴阳实现新的平衡。

"关系法"并不独立于"阳性法"和"阴性法",它是对这两种方法的完善和补充。

"关系法"也是心理咨询整合性方法的体现,它重视事物整体之间的相互联系、影响和依赖,有利于扩大解决问题的视野,深挖问题的根源,在可能的条件下选择最优的解决问题的方法,或者整合多种方法,综合加以运用,使心理咨询的整体策略实现最优化。

"关系法"的核心是将来访者放在关系中,详细了解其成长的经历,系统分析成长过程中的关系状况,有利的因素有哪些,不利的因素有哪些,以及受相关因素影响的程度,并判断这些因素与"症状"的相关程度,以便针对"症状"和相关影响要素制定切实有效的、有针对性的解决问题的策略。通过关系的调整、疏通和重建等,使人的心理系统得到良好的关系系统的支持,心理的正能量得到增进和强化,负能量得到消融与化解,并实现阴阳的转化,从而促进人心理的平衡。

心理咨询的"关系法",反映了中国传统文化重视整体性关系的特点。比如"天、地、人"的和谐思想与"修身、齐家、治国、平天下"等思想,都非常重视"天、地、人"的关系,人与人、人与自然、人与社会的和谐关系。

尤其是在中国,以"家"为核心展开的各种关系,使我们每一个人都处在比西方更复杂的关系之中。这种关系作为一种文化背景,塑造了人们对这种社会关系的依存性和顺应性,使中国人的人格更多地体现出由"关系取向"决定的社会取向,而西方人的人格取向则具有明显的"个人取向"特征,更重视"自我"。

如果说西方人的"自我"更多地反映了自然与生物属性的"自我",中国人的"自我"则更多地反映了社会属性中"关系取向"的"自我",它反映了人的各种复杂的关系状态。所以在中国,通过对各种复杂关系的把握,才能清楚了解心理问题背后的真正原因是什么,才能针对这些诱发因素,找到解决问题的最合适的方法。那么"关系法"的重要性也就不言而喻了。

"关系法"的核心价值在于实践操作的指导性,具体可以从以下两个方面着手:一是了解和分析关系;二是解决与处理关系中的"堵点"或"痛点",使关系得以疏通、理顺或者重构,化不利为有利,也可以利用关系中的良性资源,助力其心理的转圜,恢复原有的平衡。下面就这两个方面分别加以介绍。

在了解和分析关系方面,可以重点关注以下七种关系,也可以说是七个方面的维度,即家庭关系、亲朋关系、工作关系、学习关系、理想与现实的关系、身心关系、自我关系。

1. 家庭关系

"家"对于中国人来说是一个非常亲切非常重要的字眼。"家"所引起的联想一般都是和"爱""温馨""幸福""安全"等美好的词汇和场景相关。家是人们居住的场所,也是精神的寄托。

在漫长的历史进程中,中国逐渐形成了"家文化"这一独特的文化传统。中国人懂得"家和万事兴""家是最小的国,国是最大的家",所以我们把国也叫"家",将"国"称为"国家"。中国传统文化把个人、国家和世界,看成一个相互联系的整体,所以才有"修身、齐家、治国、平天下"的说法。要想齐家,首先就得修身,齐家则国治,国治则天下太平。可见家在中国社会的重要地位。

家是中国社会最基本的细胞,是每一个中国人的根之所在。正是因为家是根系之所,使得我们在春节时,不管路途多远都要回家。也正是由于有家国情怀,使得中国人不论身在何地,持有何种绿卡都心系祖国,思念家乡和故土。

现代的中国家庭,除了受传统文化观念的影响之外,也受到了西方文化的影响,加之外出打工的人员迁徙,使得家庭结构、家庭关系出现了很大变化,夫妻分离、人员留守等现象严重影响了人们的身心健康。很多调查都显示离异家庭、暴力家庭、不健康家庭的孩子以及留守儿童,都是心理问题高发的群体。

在心理咨询实践中发现,心理问题绝大多数都来源于家庭。在家庭关系中,孩子与父母的关系是最为重要的。很多教育工作者都在关注教养方式对人的影响,这是从教育的角度来看的。

如果从心理健康的角度,对人的心理健康影响最大的因素是孩子与父母的关系。感情关系越好,越不容易出现问题;感情关系越差,越容易出现问题,甚至会让孩子产生悲观绝望的想法。孩子与父母的关系就像灯泡与电源的关系。父母犹如电源,父亲是火线,母亲是零线,两者组合在一起灯泡才能亮,缺一不可。如果与父母的关系不好,缺少从父母那里获得的情感与能量,孩子的内心就会有一种情感上的缺失感,有一种不安全感,有一种对亲情的特殊渴求。

有的人渴望得到别人的感情,但是自己却不善于把情感付出给别人,这是一种被动性情感。长期与父母关系不良的人,性格大多数都比较怪异,因为缺乏安全感,对他人不容易产生信任,朋友较少,内心孤独,不善交往,性格内向,脾气急躁,容易冲动。由于这样的孩子在心理问题的萌发期表现得不明显,如果学习成绩未受影响,一般家长和老师都不会太关注。只有到了成绩突然下降,孩子突然不去上学、拒绝完成作业等情况出现时,才会引起老师和家长的关注。可是这时候,孩子的心理问题可能已经形成好长时间了。不过只要能够自觉接受心理辅导,并且能够按照咨询指导做适当的心态调整,恢复还是比较容易的。

有的成年人出现了心理问题,寻根溯源,大多都会发现和早期与父母的关系状态有关。家庭关系作为影响心理问题的重要因素,对心理咨询来说,有以下几点启示。

首先,在心理咨询过程中,心理咨询师要尽可能地从家庭关系上,获得需要的详细信息资料。无论来访者问题的轻重,在评估方面都要尽可能多地获取来自家庭的信息,千万不能忽略这一方面的"望闻问"。忽略了这方面的信息,很可能就忽略了问题形成的根源。

比如最近发生的一个案例。有一位学生突然走向附近公园的湖水里,欲寻短见。还好同学们察觉他不对劲,暗中密切关注,终于把他给拦了回来。第二天早上,辅导员急忙带他来见咨询师,希望得到及时辅导,并在后续管理上征询咨询师的意见。通过辅导员的介绍得知,轻生的行为可能是由于失恋导致的。很多人都容易把某一恶性状况看成单一情况的触发,然而作为心理咨询工作者就不能这样简单地下结论,一定要从家庭层面再做进一步的了解。询问后发现,他与父母的关系并不好,很少交流沟通。他从小是在奶奶的照顾下长大的,与奶奶的感情很深。一般来说,与奶奶的感情深,并不能代表与父母的感情就一定浅。经了解得知父母的脾气都很暴躁,平时爱争吵,尤其是最近一段时间争吵得格外厉害。据学生介绍,他的妹妹也出现了心理上的困扰。这就足以说明,家庭中的矛盾关系的困扰,以及与父母情感链接的缺乏,对他的心理和行为确实是有影响的。所以说对于家庭关系状况及其可能的影响因素我们都要详细了解,不能把问题简单归结为恋爱挫败。

其次,协调家庭关系,改善关系状况。通过细致地工作,改善家庭成员之间的关系状况,对家庭中的所有成员都是有益的,甚至对全家人的生活都有积极的影响。

就前面的案例来说,了解了来访者的家庭状况后,在征得他同意的条件下,把他的父母请到了学校。并向学生说明请家长的目的就是让家长共同配合,帮助他克服当前的困难,避免出现其他更糟的情况。咨询师要从家长处进一步了解更多的相关信息,分析学生的现状,与家长共同做好学生的心理支持工作。

针对夫妻经常吵架的现实情况,希望家长能够做出改变。

一是要成为孩子最亲的人。我们可能已经意识到了,孩子的父母不一定是孩子最亲近的人。孩子要理解父母养育子女的辛苦,我们也要理解孩子和家长缺少沟通,缺少亲情的孤独和痛苦。不能从道德的制高点去埋怨和指责孩子对父母的冷漠,他不是缺少教养,不是内心充满邪恶,只是在成长的过程中没有产生对父母的亲情和依赖。为什么他和奶奶的感情那么深呢?我们并不是不关心自己的孩子,只是与孩子的感情不深,所以今后要自己做出调整,尽可能抽出时间多带孩子一起游玩,以家庭为单位参加聚会,交流一些共同感兴趣的话题,减少打牌和应酬的时间,多与孩子们在一起,享受家人在一起欢聚的融洽氛围。如果过去没有做到,今后要努力去营造。

欢笑声少,责怪声和打骂声多的家庭还有家的感觉吗?谁愿意回到这样的家呢?反思一下,我们的家庭是不是最适合孩子成长的环境?如果我们有较强的反思能力,就会做出相应的调整,使家庭的关系更加融洽,情感的交流顺畅了,家庭中的每个人都会感觉轻松和愉悦。

二是控制情绪,遇事不燥,成为一个性格温和的人。古人讲"修身齐家",不修好身家就难齐;家要是不稳定,就像一条漏船在风浪中颠簸,随时都有翻船的危险,前行的道路危难重重。

活着就是一场修行,我们都需要不断地反思和成长。当我们的情绪平和下来之后,我们会显露出慈祥的目光,批评和责怪的语词减少,满意与肯定的语词增多,这说明我们的正能量在心中占据了优势。而当负情绪占据优势的时候,使用的词汇会难听得多,脸色也难看得多。

我们从现在开始就通过改变自己,提升家庭的整体关系质量,每个人都会觉察到氛围以及心情的改变。这种因改变所带来的舒适,也会强化改变的行为,使改变成为一种习惯,为人生持续不断地注入正能量。

三是立足当下,向前看。尽管此前发生了令人非常担忧的事情,但那毕竟是过去的事了,我们都要在反思过去的基础上,做好当下的事情,把当下的事情做好,未来就充满希望。

我们在交流中觉察到孩子通过这件事情成长了很多,父母的状态也有了明显的好转,他们都对未来充满信心。过去他们所经历的不愉快就让它过去,不能总是纠结过去,要原谅别人的过错,也原谅自己的过错,释怀过往不尽如人意的经历,努力修行自己,把家庭关系搞好,他们的生活一定会越来越好。

在"关系法"中涉及家庭关系方面,核心要义依然是要从"扶正"和"祛邪"两大方面考虑。实际上这两大方面是一个过程,而不是两个独立的过程。我们只是从两个观念层面考虑问题,使观念在层次上更清晰一些,便于指导操作。其实真实的行进是一个过程。从"扶正"的角度考虑,就是巩固其原有的良好沟通模式,强化原有的良好状态和做法,或者重新建立新的良好关系等;从"祛邪"的角度看,就是要化解关系中的阻滞与隔阂,化解掉矛盾和误解,化解掉错误的态度、理念等,使关系得以通畅,把负能量转化为正能量。

有一对父母前来为女儿的事情做咨询。他们说女儿在外地某大城市工作,工作单位不错,收入也很高。可是近一段时间与孩子沟通时,发现她的情绪不太稳定,还流露出活着没意思的想法。听女儿讲"活着没什么意思"家长就紧张了,在介绍情况时妈妈还不停地抹眼泪,非常期待咨询师能想到帮助女儿的办法。

通过了解得知夫妻俩都是知识分子,知书达理,与女儿的关系总体还算和谐,只是父女之间有些矛盾,孩子时常对父亲有诸多抱怨,与母亲感情很好。父亲不仅是知识分子,还是一位干部,有点中国大男子主义。经过了解得知女儿与父亲有隔阂,认为父亲不关心自己,平时很少沟通,父亲对女儿批评的时候多,肯定赞美的时候少。女儿在其他方面没有遇到重大的矛盾与影响事件。

我们在了解情况后大致判断,是家庭关系中的父女沟通不畅,导致女儿内心存在情感的压抑,所以一直受到负面情绪的困扰。这是在见不到当事人的情况下,咨询师对问题的推测。当事人不在场的情况下,也可以采取关系法间接地帮助她。

父亲是女儿心理的痛点,也是父女关系的堵点,所以我们把重点放在父亲身上,开始做父亲的转化工作。从母亲处了解到,父亲以往曾有过一些怪异的举动,性格也有不完善的地方,常常对女儿实施冷暴力,不满意的时候就不理女儿,很少与女儿就某一具体问题进行沟通,所以关系一直很僵。

因此咨询师让父亲理解女儿现状与自己有很大关系,父亲要主动做出改变。父亲听完咨询师的解释,完全认同咨询师的观点。他深刻反思道,自己以前很少与孩子沟通,训斥孩子时候比较多,这和自身暴躁的性格有关。现在他依然很少主动表达对女儿的关心,基本上不给女儿打电话或是发信息。但是他和女儿有一个共同爱好,就是都喜欢马拉松。咨询师得知后感到很高兴,因为喜欢运动的人,即使心理出现问题,一般也不会太重,同时恢复得也比一般人容易。运动本身就能增加身体的正能量,身体的正能量也能成为心理的正能量。因为运动产生的多巴胺可以提高神经的兴奋度,对身心都是最好的良药。更重要的是父女在马拉松上的共同爱好,可以成为一个最重要的抓手,让他们之间尽快形成链接,并以此为契机重建父女关系,让女儿重新找回来源于父亲的正能量,所有问题就都迎刃而解了。

建议父亲首先做好两件事:一是立刻改变自己对女儿的态度,不要采取放任的方式,要主动关心女儿,多鼓励和支持女儿;二是要多与女儿交流马拉松的相关经验和信息,抓住这一话题进行有质量的沟通,女儿将非常高兴。

父亲的悟性和行动力都很强,马上想到后天在女儿所在的城市举办的马拉松比赛,说我马上订机票,明天就飞往女儿那里。母亲说,女儿一定会非常高兴。第二天,父亲果然飞往女儿所在的城市。

过了一个月之后,母亲发来信息,说女儿变化很大,父亲也变了。

从这个案例可以看出,由于关系阻滞所造成的心理问题,必须在关系中得到解决,光靠吃药或者精神分析是解决不了根本问题的。

我们在心理咨询过程中也遇到过很多家庭关系不和谐,又没办法改变的案例。比如,有的家长不负责任,孩子出现了心理问题,学校多次邀请家长来学校共商帮扶的办法,家长总是拒绝;也有的家长非常冷漠,不理解孩子,对孩子不仅帮不上忙,反而一直是孩子心理创伤的刺激源,几乎天天与孩子争吵。

如果确实遇到无法改变的不良的家庭环境,只能帮助孩子自立自强,通过自身认知的转变,化不利为有利,用顽强的意志品质和自己的智慧,克服当前的困难,走出人生的困境,要相信转化的力量,相信一切皆有可能。

2. 亲朋关系

除了家庭成员以外的亲密关系,都可以称为"亲朋关系"。人生活在社会关系之中，所有的社会关系都必然会对人的心理产生不同的影响。我们在这些关系方面也可以从阴阳两个方面进行考察，分析"亲朋关系"中的各种要素及其发生的事件，并对可能对来访者的影响进行详细的考察，并做好记录，以便进行综合分析。

比如，了解家庭与亲友的交流沟通情况；了解有无重大的矛盾关系；了解有无恋爱的经历，以及恋爱是否顺利；了解亲友中的和谐与阻碍因素等。了解这些，一方面是判断其情感和能量受这些关系的影响程度以及目前的能量状况；另一方面可以利用关系中的有利因素作为支点，作用于心理问题的调节。概括地说，就是了解关系，调节关系，并利用关系来解决问题，这正是关系法的突出特点。

有这样一个案例。有一个初二的男生与班主任老师产生了矛盾之后就不去上学了。他把自己关在房间里，一周都没有下楼，一天就吃一两顿饭，作息也不规律。家长非常着急，感到无能为力。

这时他们联系到心理咨询师，在电话中请求咨询师"救救我们的孩子"。他们住在距离咨询师非常远的一个小镇，咨询师之前还没有去过那么偏僻的地方。但是一听说是救人，咨询师也就没有顾及那么多，坐了三个多小时的大巴到了那个小镇，孩子的父母亲非常高兴。

"救救我们的孩子吧！"家长不停地说。

"先说一下孩子的情况吧。"咨询师平和地说。

"可以见见孩子吗？"

"不能贸然见孩子，这样会激怒他。"

即使到了他家的楼下，咨询师也没有贸然去见孩子。

咨询师详细了解情况以后，得知父母与孩子的沟通状况很不好，孩子不听他们的话。父母性格都很急躁，对孩子也是批评和指责较多。

那么家庭成员中还有谁和孩子的关系好一些呢？了解到孩子还有一个姐姐，可是姐姐的性格也不好，有时也打骂弟弟。

继续询问亲友当中有谁与孩子的关系比较好呢？母亲说孩子有一个堂姐，他们关系不错，经常在一起打乒乓球，堂姐正在读高三。此外，初中同班还有一个关系比较好的同学，两个人经常来往。

基于对这些信息的掌握，形成了如下帮扶策略：一是通过与父母的详谈，让父母明白简单粗暴的方法会破坏亲子关系，也容易使孩子的情感体验上出现问题,所以在对孩子的态度和管教方法上都要做出改变,特别是要控制自己的情绪,修养自己的脾性。同时也传授了一些具体的措施。二是与学校老师的关系要妥善处理,以便于孩子今后的在校学习。第三也是最急迫的,是让孩子走出房间,能正常吃饭和作息,避免生命安全出现问题。设计的方式是把堂姐请过来,与堂姐共同商定合适的方法。

堂姐很快就过来了,也愿意做弟弟的工作。向堂姐又进一步了解了弟弟的情况,之后咨询师向堂姐做了一番指导说明,嘱咐她如何以打乒乓球的名义与弟弟沟通及其注意事项。

第二天,孩子的母亲非常激动地给咨询师发来信息说孩子被堂姐带出房间,到外面打乒乓球了。咨询师也很高兴,毕竟有了起色,要慢慢促进其改变,不能操之过急。

过了一周左右时间,问题又出现了。母亲说因为自己说话不当,孩子又发火了,之后又把自己关在了房间里。咨询师告诉母亲不要急,在合适的时候再让堂姐约他出来,应该没有太大的问题。

尽管孩子的情况反反复复,之后又遇到了一些状况,但是始终是在向好的方向转化,逐渐走出了困境。

恋爱关系在"亲朋关系"中具有独特性。这不仅是因为关系与情感的特殊,更是因为恋爱关系对人的影响非常大。对于许多年轻人来说,恋爱的成功与失败都是人生的重要问题,尤其是恋爱失败的打击对有些人来说可能是致命的。所以心理咨询师在收集这方面的信息时不能有遗漏,尤其是要仔细分析失恋及其影响。

比如,前面介绍的那位企图自杀的同学,就是恋爱失败与其他心理困扰相叠加而促使其产生绝望想法的。

心理咨询中对恋爱的关注,不是从恋爱心理的角度去思考如何促使人们恋爱成功,如何避免恋爱失败,而是关注恋爱这件事在他目前的心理状态中起到何种影响作用,是积极的还是消极的,是决定性的影响作用,还是一般性影响。如果是消极影响作用,就需要采取方法进行化解,亦即"祛邪",消除负能量的消极影响。

化解失恋的消极影响,可以分为以下三个步骤:

一是理解来访者的情感挫折,用理解和共情,抚慰其受伤的心灵。如果没有理解和共情,很多劝解的话语就成了说教,会让人有"白天不懂夜的黑"

的感觉,令人很不舒服。

二是在了解来访者恋爱关系状况的情况下做出指导。恋爱的关系状况非常复杂,每个人都不尽相同,咨询师只有在了解之后才有发言权。指导时的原则是,以道德与法律为底线,考虑到各种条件的情况下尽可能按照顺遂来访者的心意来处理,处理好了,来访者的心态也就平和了。

三是引导来访者理解,恋爱的成功与否都是缘分,不能强求,大家都明白"强扭的瓜不甜"的道理。让来访者重拾对未来的期望,这一站没有遇到有缘人,下一站可能有更好的人在等着你。我们要努力把自己成长得更优秀,你若盛开,清风自来。

处理好关系,一是能真正解决矛盾,理顺关系;二是从主观上真正理解困扰自己的事,从而释怀。从这两个方面着手,是解决问题的关键所在。

3. 工作关系

人生很长的时间是在工作中度过的。工作中大致会形成三种关系:即与同事的关系,与上下级的关系,与工作任务和胜任力的关系。在这三个层面的关系中,都可能出现矛盾,造成心理上的压力。也可能会有几个方面的矛盾同时叠加,构成多重矛盾的压力。如果人的心理承受不住,就可能出现很严重的问题。

比如,若干年前,富士康的员工在短时间内接二连三地出现恶性问题,就是心理压力过大造成的。心理压力过大不仅仅是由工作量大导致的,还有感到工作和人生枯燥无味,毫无价值和意义,甚至是自尊心受辱,人格没有尊严,内心就会升起极端负面的情绪,并伴有相应的行为。

在工作关系中,最不堪忍受的就是遭受不公平对待,被贬低压制,才能得不到施展,更有甚者是被恶意陷害等。有人的地方就有矛盾,人多的地方矛盾也越多,困扰就越多,古今中外,概莫如此。

在处理工作关系对人的心理影响方面,需要把工作关系与家庭关系结合起来考量。一般来说,在家庭关系不良的环境下成长的人,心理的承受能力较弱,比较容易出现心理问题。如果工作环境非常恶劣,可能谁都无法承受如此巨大的压力。比如,面对残酷的战争场面,很多士兵的心理都会出现问题。

在心理咨询中运用"关系法"时,要着重询问工作关系情况对其心理现状的影响,如果没有什么重大的影响,就可以忽略不计了。如果有很大影

第十二章 关系法"链通"

响,甚至是造成来访者心理问题的主要因素,那就要重点解决该问题。在工作关系中产生的问题很多,解决的办法也多种多样。但为了形成概括性的认识,我们把解决问题的策略归纳为两个方面。

一方面是具体解决在工作之中遇到的矛盾,随着矛盾的解决,心理上的困扰也就解除了。比如,遇到了一个很难相处的领导,处处挑剔,无事生非,然而在需要他支持的时候,他又胆小如鼠,不敢承担责任,你的工作很难开展,怎么办?可以有多种解决办法:一是增强自己的忍耐性,克服消极情绪,从大局出发,积极说服领导按照可行的方案去做,争取最好的结果;二是降低对工作的高标准,尽力而为,少惹麻烦,多一事不如少一事,尽量回避与领导可能要协商的事情,减少交集;三是忍辱负重,默默灌溉,静待花开;四是寻找更适宜的岗位,山重水复疑无路,柳暗花明又一村。

另一个方面是,要不断提高自己的工作能力和适应能力,通过自己认知和行为的调整来适应各种复杂的工作任务和工作环境,增强心理承受能力和工作的胜任能力,也可以化解当前的困难。

比如,有一位四十多岁的女士,因抑郁前来咨询。她在一个事业单位工作,平时与同事关系不错,没有什么大矛盾。但是让她心理上承受不了的是平时的工作过于清闲,但是单位在时间上又管得很严,员工不能随便离开岗位,以至于有很多时间无所事事,觉得百无聊赖虚度光阴。时间久了人就会觉得精神颓废,心情郁闷,所以前来咨询。

经过询问了解到她对心理学很感兴趣,以前爱唱歌、跳舞,现在也没有兴致唱跳了。由于她的职业是医疗管理,所以建议她利用空闲时间学习心理学,争取考一个心理咨询师的资格证,让时间充实起来。在业余时间尽力把原有的唱歌和跳舞的兴趣捡起来,如果有余力为别人提供心理咨询服务,有被人需要的感觉,从而产生解决问题的成就感,空虚感和无价值感就会逐渐消失,心情也会提振起来。

很快她就按照这个思路开始学习了,虽然没有考心理咨询师,但是她读了很多心理学、哲学以及中国传统文化方面的书,心灵被滋养后人也精神了很多,连说话的声音都洪亮了,一谈到新学到的知识显得兴致勃勃,她非常喜欢交流自己的学习心得。

工作中遇到的矛盾是多种多样的,只要找到恰当的解决问题的方式,很多困扰和矛盾都是可以化解的。

4. 学习关系

人的青少年时期基本都是在学习中度过的,从进入幼儿园开始,人就开始了学习生活,尤其是青春期前后的这段时光,是人身心发展的关键时期,对人的一生有着非常重要的影响。

分析学习中的关系,基本可以分为师生关系、同学关系和个人与学业的关系。这三种关系上的矛盾都是心理问题的重要来源,所以"关系法"的作用就是指导我们细致梳理这三种关系维度,收集相关信息,寻找心理问题形成的根源。

从心理咨询的实践来看,"师生关系"对学生心理状态的影响较大。其他两个层面的关系影响也很大,但相对"师生关系"要小一些。比如前面介绍的那个不出房间孩子的案例,就是孩子与教师产生矛盾后,不去上学了。

有一位高中生,在父亲的陪同下前来咨询。经过询问得知,该学生正处在精神分裂症的恢复期,状态已经好转了,与咨询师的交流都很正常。据介绍,他的问题产生也与班主任有关。本来他是班干部,平时表现不错,与老师们的关系也很好。可是有一次,因为一件事情引起了班主任的愤怒,把他打了一顿,从此这个学生一蹶不振,情绪低落,最后精神分裂了。

这个学生情绪平稳地向咨询师介绍,当时班主任老师用直拳、耳光和脚踢三种方式,把他从年级组办公室的门口一直打到办公室最里面的窗户底下。令这个学生最伤心的是,办公室里有他喜爱的语文老师和数学老师,他们都坐在那里看着,没有阻止班主任老师的殴打行为。他对老师的敬爱,以及自己的自尊,在那时都被打碎了。

看到学生平静地介绍这么令人心绪不平的事件,咨询师的眼睛都湿润了。一个优秀的学生就这样差点被老师给毁了。

教师对学生的影响是巨大的。还记得本书第一章介绍的那个小女孩吗?她的一部分负性情绪就来源于认为语文老师处理事情不公平,把演讲比赛的机会给了另一位男同学,而不是自己。她认为老师做事不公平,心理就受到了伤害。至于老师在客观上是否公平可以另当别论,但她觉得老师不公平却是她的真实想法,从她角度来看这就是大事。这一想法使她的心理受到了严重的伤害,而老师可能根本不知情。从这样一件小事就可以看出保持良好的师生关系对学生的身心健康有多么重要。所以在心理咨询过程中,一定要关注师生关系对来访者心理状态的影响。

在"学习关系"中,同学关系在不同的学习阶段产生的影响也不一样。小学阶段的相互影响不是很大。中学阶段影响较大的是恋爱关系,由于恋爱会占用时间,分散注意力,引起情绪波动等,会对学生的学习成绩和心态产生较大的影响,是我们需要格外注意的因素。在大学阶段,同学关系的矛盾主要来源于恋爱和集体生活,尤其是寝室中的矛盾,给一些同学带来很大的困扰。

学习过程中,不同的学业关系对人的影响也有明显差异。中学阶段在学业中产生的矛盾主要是同学之间成绩的比较,以及成绩与自己期望的差距所造成的心理压力,或者说是努力程度与取得的成果不成比例所造成的失落,形成的情绪上的焦虑。大学的学习压力相对来说不是很大,主要是考试挂科与考研方面的压力,同寝室的人际关系带来的困扰占比较高。

针对"学习关系"的三个层面,在心理咨询过程中,一方面是要在这三个层面详细地收集信息,并做出具体的分析;另一方面是要根据对问题的具体分析实施解决的策略。解决问题的方式也可以从两个方面着手:一是集中精力解决具体问题。也就是说遇到的矛盾或者事件可以通过管理的方式,具体地加以解决,问题解决了,矛盾也就消除了;二是时过境迁,或者碍于条件的限制,无法具体解决,只能通过认知调整的方式来解决,那就在认知的转化上做文章,促使内心的矛盾和焦虑在一定程度上得到缓解。

比如,前面介绍过的两位同学与老师的矛盾,在确定情况属实后,可以建议家长与相关人员联系,让师生自行解决问题;也可以通过行政或是司法的方式来处理,化解现实的矛盾;如果不能从行政或者法律的角度处理,也可以与学生商量,采取转学的方式,离开这个"恶劣"的环境;如果以上方法都无法操作,那只能接受现实,采用心理学的方法来转化认知,消除负面情绪,缓解心理压力。

根据这两名同学都有被老师伤害的经历,运用心理学的方法缓解压力可以采用"意念降低情绪"的方法,化解其心理创伤,使心中对老师的怨恨情绪降到最低,从而缓解心理的紧张和压力。

5. 理想与现实的关系

理想与现实是两种不同的状态。理想是一种观念性的愿望,现实是实际存在的状态。二者在形式上有很大不同,但是条分缕析后就会发现,所谓的现实存在状态,实质也是人们对现实的一种感觉,它是感觉到的现实,也是心理的体验,本质上也是一种观念。

在现代社会,商家不断鼓励人们进行消费活动,提倡消费的提质升级,不断激发人们的欲望,改善住房、更换豪车、晋升职称、升迁提干等,诸多诱惑让人们欲罢不能。如果这些欲望所勾画的未来愿景——理想,比较符合现实,就可以形成促进人们发展的动力。但是如果这个愿景脱离了现实可能性,无论怎样努力都无法实现,理想与现实严重脱节,即使是顽强努力,也是无谓的挣扎,最终将遭遇严重的挫败,心理会承受巨大的打击。

在心理咨询过程中通过"望闻问",了解来访者的"理想与现实"是否和谐,如果不和谐;则分析矛盾形成的原因,寻找问题的根源,解决问题就相对容易了。

前面已经提过,理想与现实看似不同,实则相同,现实也是感觉上的现实,也是观念,实际上是两种观念上的比较。现实的感觉没有达到预期的愿望,就会产生不满、失望的情绪。

在心理咨询过程中,可以从以下几个方面缩小这种主观体验上的落差。

一是通过反思,总结经验,改善条件,发奋努力,尽量把事情做得更好,从而满足自己的理想与愿望。比如,"中国红"陶瓷的烧制者尹彦征,就是在1200多次的失败中不断总结经验,克服常人无法承受的困难,最终生产出了人们认为不可能生产出来的"中国红"。

二是把欲望或者目标调低一些。理想或者愿望难度不高,容易达成,人们就容易体验到成功的喜悦。比如,在指导学生考前焦虑问题时,经常使用降低高考目标的方法。也就是在相同专业,选择三个不同层次的学校,在内心里做好接受最坏情况的准备。劝服自己最差不就是去那所学校吗,也可以接受,这样心里就坦然了,焦虑感就会下降,反而使成绩得以正常发挥,考出真实的水平或是超常发挥,这样最后往往不会去最差的学校。

在咨询实践中,降低目标,做最坏的打算是很实用的方法,效果也是很明显的。在实际生活中,也可以用调低目标的方式来调节人们的心态。古人擅用降低欲望的方式来调整自己的心态,所以有"知足者常乐"的说法。"知足者常乐"作为观念,对很多人的心理与行为都起到了重要的调节作用。

三是调整对现实的看法。有的人觉得理想与现实不符,不完全是对现实的真实反映,很可能是忽视了现实中的一些关键因素。从认知的角度稍作调整,就会有很多发现,情绪也会随之改变。

四是接受现实,脚踏实地,在新起点上重新开始,精神也会随之振作,开始一个崭新的人生。

最近接待了一位母亲带两个孩子,一家三口人的咨询。通过访谈了解到,因为孩子父亲的突然离世,三个人的心理都遭受了巨大的打击,在朋友的建议下前来咨询。具体的情况是父亲不能接受在企业经营过程中产生的一个法律纠纷,自寻短见了。最惨烈的是这位父亲竟然是当着两个孩子、岳母和三四个警察的面跳的楼。在晴天霹雳般的突发事件面前,这位母亲表现出了无比的坚强,表示自己能够接受这个残酷的现实,振作精神,把丈夫留下的企业继续经营下去,好好抚养两个孩子,还要把自己的老妈伺候好。实际上她在事故发生前只是一名普通的家庭主妇,没有在外面工作的经验,现在突然要承担起这些责任,压力可想而知。

她的坚强主要是能够接受残酷的现实,忍住悲痛,承担起现实的责任,达成心中与以往不同的生活目标。而她的丈夫,就是因为没有接受令他无法接受的现实,才导致心理崩溃。实际上丈夫所面对的现实,与妻子所面对的现实,哪一个更残酷?答案不言自明。

理想与现实的矛盾是永恒存在的,我们必须在它们之间做适当的调整,方能取得心理上的平衡,使人生这辆车得以在颠簸中不断前行。

6. 身心关系

在心理咨询过程中,咨询师最关注的是"心"及其"症状",而容易忽视"心"的另一面——"身"。

身心本来就是一体,是一,不是二。但是在现实生活中人们在观念上,常常把二者分开来看。医生就看生理的病,心理咨询师看心理的病。中国古人早就意识到身心互为阴阳,互为一体,二者相互影响,不可分割。《黄帝内经》里写道,我们的身体疾病无外乎来源于两个方面,一是外感六淫,二是内伤七情。现代医学认为,人们70%以上的疾病都和心理因素有关,即是"内伤七情"所致。可见身心关系之密切。

在"关系法"的视域下,"身心关系"方面的指导性观念是:

一是,一定要意识到二者之间的一体性,相互影响的紧密性,形成身心的整体性的思维与判断,不能片面地关注于某一方。

二是,要仔细分析人的生理与疾病状况,以及自己对自己身体的看法和态度可能会对心理产生的影响。比如一个人,相貌丑陋而自己又很在意,就容易产生自卑感；可是如果自己不太在意，则不会导致严重的自卑，可见身心的影响是相互的。有人会突然因为身体形象受损、肢体残缺、重大疾病、慢性疾病或生理功能变化等导致心理上的变化，有些变化是轻微的，不易察觉；有些则是陡然的变化，会让人性情大变。

  生理功能的变化本身就会影响心理的状态。内分泌失调，情绪就会烦躁，表现得易怒易激惹。内脏器官的变化，同样也会产生情绪上的变化，肝脏和心脏有病的人，容易发脾气。中医讲怒伤肝，反过来说肝伤也易怒。心脏有病的人脾气急躁，而脾气急躁的人也容易得心脏病。

  不仅身体本身的状况会引发我们的心理问题，我们对身体的认识也会引起心理问题。

  有一个小女孩特别在意自己的头发，认为自己发量少，有损形象。咨询师根本没发现她的头发与其他女孩有什么明显的区别，可是这个女孩就是对自己的发量很有执念。她曾经向很多咨询师寻求过帮助，可见她对自己生理状况的过度关注是其心理压力的一个重要来源。有的女孩子过分关注自己的胖瘦，而且衡量的标准不一样，对心理的影响就不一样。这些身心相互影响的状况，都是我们在心理咨询中需要重点关注的内容。这些内容单纯依靠心理测量是无法全面了解的，必须采用"望闻问"的方法。

  如果心理咨询师能够多了解一些中医学知识，对身心的相互影响会有更深刻的理解，那么对处理来访者传达的身心信息会更加得心应手。

  比如，来访者的皮肤经常长痘，来访者的眼眶周围发青，来访者的脸色铁青，来访者的嘴唇发紫，来访者的手心多汗，来访者经常叹气……如果能对来访者传达的身心信息有一个整体的了解，对人的认识就会全面很多。古人说"知己知彼，百战百胜"，对身心整体状况了解得越清楚，咨询师的信心就越强。如果心理咨询师仅仅局限于对心理学知识的了解，而对生理及疾病相关的领域一窍不通，显然是无法真正做好咨询的。

  "关系法"在"身心关系"方面的体现，一方面让我们意识到要从身心两个维度全面地获得信息；另一方面让我们意识到必须从身心两个维度全面地解决问题。这正体现了中医学的整体观和系统观，是整合式心理咨询。

  比如长期抑郁的人，一般都会伴随肝气不顺、气滞血瘀、自主神经系统紊乱等一些生理上的变化，这就需要在心理咨询之外综合运用补充营养、药物辅助、合理运动等多种手段，通过"调身"实现"调心"，心态的好转也会促进体质的进一步增强,实现由原来的恶性循环,转变成良性循环。

在心理咨询的实践中,我们较多地采用运动的方法来调节身心,对于伴随有自主神经紊乱的来访者,特别是抑郁症患者,一般都要采用运动的方法。运动具有舒筋活血、增加肌肉、调节神经和内分泌,提高兴奋度等功能,是一味扶正祛邪的综合良药,它相当于动态的"安宫丸",对人的身心调节起到非常重要的作用。对于某些特殊的案例,来访者的身体功能处于亚健康状态,可以建议他们去看中医。

7. 自我关系

"自我关系"实际上就是自己与自己的关系,它是自我意识的体现,简单来说就是自我感觉。不同的感觉会导致不同的心态,感觉良好者会带来"自信",感觉超好者会导致"自负",感觉不好者会导致"自卑"。

在这三种状态中,自信无疑是最好的状态,自负就过头了。自负是过高地估计自己,看低别人,总是自我感觉良好,但是容易让他人产生不舒服的感觉。自卑是最差的一种状态,很多有严重心理问题的人,都伴有不同程度的自卑。

自卑是由不正确的自我评价造成的,往往用自己的短处去和别人的长处比较,容易忽视自己的长处,甚至不相信自己也有长处。自卑者的行为特点是特别爱比较,而比较的结果是把自己比得更自卑。自卑者喜欢比较是因为他们的思维很活跃,擅长动脑思考问题,所以就经常比较。可是这种习惯于比较的自卑者,最终容易进入到另一个队伍——抑郁者的群体。

自卑者往往都非常缺乏安全感,"怕"字当头,什么都担心或者惧怕,不敢出头露面,不敢越"雷池"一步,过于顾及别人的想法和态度,怕被否定、被拒绝,怕没面子,怕伤及自尊,怕失败。这些所谓的担心与惧怕,与不相信自己、否定自己是一致的,所以自卑与惧怕是天生一对。

自卑心理的形成与过去的成长经历有关。在缺乏安全感、肯定、赞美与支持的环境中成长的人,感受到的都是被批评、否定、挖苦、嘲讽和谩骂,自信心难以形成,从而形成了自卑心理。自卑的人敏感、多疑、自尊心极强、心理承受能力较弱,容易产生严重的心理问题。几乎所有的焦虑症和抑郁症患者,都有不同程度的自卑倾向。

一个有严重抑郁症的女孩,三次自杀未遂。她介绍说,自己从来没有被妈妈肯定过,她在成长的过程中听到的从母亲口中说出的词汇都是负面的,

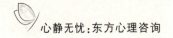

很多难听的话都很难说出口。在这样的环境中长大的孩子很难建立起自信的人格。

我们大多数的人的自我关系是良好的,能够接纳自己,虽然知道自己也有很多不足,但是基本上能保持"比上不足比下有余"的普通人的正常心态。

很多人的自卑是由于习惯于比较,以及比较时的参照物偏离实际造成的。有的人生活条件在他人看来很艰苦,可是本人却没有自卑的感觉。因为他不比较,俗话说"没有比较就没有伤害"。比较时参照物的不同,对人心态的影响也不一样。比如2021年高考,考入北京航空航天大学大学的邢益凡,人们称他是当代霍金,体重只有38斤,身体大部分功能都不在健康状态,生活难以自理。

如果他总是与他人比较,用自己的身体状况与健康的人比,他必定会自卑,甚至整个心态都会崩塌,身体也可能加速恶化。可是他的关注点在学习的内容和成绩上。他沉浸在学习的快乐中,沉浸在看看自己在学习这条路上能走多远的人生追求之中。他在书桌前用下巴支撑着头颅,顽强地学习,将精神能量都集中于学习内容之中,没有精力关注自己的缺陷,没有时间用自己的短处与他人的长处去比较,所以他并没有自卑,心态始终平稳健康。只是特殊的疾病——渐冻症(与霍金一样的疾病),让他的身体越来越差。

在心理咨询过程中,对于自我关系不良者,可以采用以下几个方法:

一是从现在开始,翻开新的一页,过去所有的经历,无论成功与失败,无论美好与伤怀,都已经成为过去,不去主动回忆过往,以免产生消极影响,导致不自信。

二是时刻提醒自己不要做毫无意义的比较,避免比较带来的伤害。同时也要意识到,比较已经成为一些自卑者的习惯,难以改变,要尽力养成另一种不去比较的习惯,以便保持良好的心态。

三是如果一定要去比较,那么把比出"还可以"这种感觉作为目标。这是一个妙招,当我们带着这样的目的去比,比不出这样的感觉,就寻找不同的维度,不同的参照尺度去比,直到比出"我还可以",比出"比上不足比下有余"的满足感。如果养成了这样一个比的方式和习惯,人的心态会相对平和很多。

以上是我们从七个方面具体介绍的"关系法"。实际上人们的关系远远不止这七个方面,我们只是选择了便于掌握这种方法的核心要义的七个维度加以说明。

"关系法"给我们带来的启示是让我们意识到,一切事物,包括我们的身心,都处于各种复杂的关系之中,一切事物都是关系的产物。我们所看的只是事物的表面现象,而决定事物特性的是潜伏于事物内部的各种复杂的关系。比如一棵树病了,它病在树叶还是树皮?是枯干还是腐烂?这些都是"症状",是表面现象。要想解决问题,就要详细了解树和各种相关要素之间的关系,只有了解清楚,才能对症治疗。我们需要了解树的病症是气候原因造成的,还是物理创伤造成的;是生物虫害造成的,还是土壤的化学成分造成的,等等。

人的心理也一样,如果不是各种复杂的关系出现了问题,人的心理也不会出现问题。所以我们既要在关系中寻找问题的根源,也要在关系中利用各种资源来解决问题。

解决问题的方法归结为一句话就是,"在关系中扶正祛邪"。

第十三章 防患于未然

凡事,预则立,不预则废。

"防患于未然"几乎已经成为了中国人的生活信条,这种思想观念渗透在人们生活的各个领域。中国人的储蓄率很高,新冠疫情期间,有人说美国有好多人一时拿不出400美元,因为美国人没有储蓄的习惯,有钱就花,没钱再赚。中国人则不然,人人都爱储蓄,以备不时之需,这是有备无患、防患于未然思想的体现。

"防患于未然"的思想在中医学上也有体现。

中医学的重要典籍《黄帝内经素问·四气调神大论》中说:"是故圣人不治已病治未病,不治已乱治未乱,此之谓也。夫病已成而后药之,乱已成而后治之,譬犹渴而穿井,斗而铸锥,不亦晚乎。"其大意是说预防要走在事情发生的前面,走在后面就犹如"亡羊补牢",事亦迟矣。

春秋战国时期的神医扁鹊很重视疾病的预防。扁鹊对魏文王说:"长兄最善,中兄次之,扁鹊最为下。"魏文侯问此话怎讲? 扁鹊曰:"长兄于病视神,未有形而除之,故名不出于家。中兄治病,其在毫毛,故名不出于闾。若扁鹊者,镵(chán)血脉、投毒药、副肌肤,故名闻于诸侯。"扁鹊这句话的意思是:"大哥治病,是在病情发作之前,那时候病人自己还没察觉有病,大哥就下药铲除了病根,但是外面的人不知道啊,所以没有名气。二哥治病,是在病初起之时,症状尚不十分明显,病人也没有觉得痛苦,二哥就能药到病除,周围的人都认为二哥只是治小病很灵。我治病,都是在病情十分严重之时,病人家属心急如焚。此时,他们看到我在经脉上穿刺,用针放血,或在患处敷以毒药以毒攻毒,或动大手术直指病灶,病人的病情得到缓解或很快治愈,所以我名闻天下。其实,比起我两位长兄来,我的医术是最差的。"魏文王大悟。

《黄帝内经》中提出"上医治未病,中医治欲病,下医治已病",即医术最高明的医生并不是擅长治病的人,而是能够预防疾病的人。可见,中医历来主张防重于治。

唐朝名医孙思邈也提出了"上工治未病之病、中工治欲病之病、下工治已病之病"的思想。孙思邈将疾病分为"未病""欲病""已病"三个层次。高明的医生能够在疾病未发之时及早发现端倪进行干预,防微杜渐;中等层次的医生在疾病发展到呈现一定征候的时候,辨症论治,将疾病及时地控制治愈;低层次的医生往往在疾病出现一系列征候或不适征候的时候,才能发现疾病的端倪,针药并施,对疾病进行扑救式治疗。

由此我们可以看出,防病是中国古代的传统思想,对我国的医疗和保健都具有深远的影响。从行为的角度观察,我们中国人的保健意识比较强。电视节目中的养生节目繁多,几乎在每个药店都能找到好多保健品,饭后散散步,跳跳广场舞……都能反映出中国人"未病先治"的保健意识,说明"治未病"的思想已经深入人心,人所共知。

"防患于未然"的"治未病"思想,在中国的心理健康教育领域也有明显的体现。在我国,几乎所有小学以上的学校都会开展心理健康教育活动,很多学校还开设了心理健康教育课程。这与西方的心理咨询体系具有明显的区别,西方心理咨询是医学模式,重视一对一的咨询,而中国则更重预防性的教育活动的开展。比如,中国高校大多都开设心理健康教育课程,开展形式多样的情景剧、团体辅导、激励性演讲等活动,这些都彰显出中国心理咨询的独特之处,也是"治未病"思想的体现。

"治未病"思想体现出中国医学看问题的整体性、联系性、发展性和系统性,是东方智慧的完美体现。在教育领域,遗传决定论观点认为"一两的遗传胜过一吨的教育",那么应用到中医学的领域,主张"一两的预防,胜过一吨的治疗",应该也不算过。有人说《黄帝内经》不仅仅是医学著作,更是一部健康学著作,它不仅讲了治疗的思想与方法,也讲了如何顺应自然规律,如何保持身心健康的方法。所以说,中医学是预防保健与治疗相结合的整体医学,是系统地维持生命的健康学。

在这一中医学的理论基础上建构的心理咨询体系,必然具有预防和咨询相结合的整体性特征。

依据中国的文化传统,我们可以把"治未病"思想贯穿于心理咨询工作的始终,要在人们还没有觉察到问题形成的状况下,就把引发问题的因素给化解掉,使问题无法激化。即使像扁鹊的大哥一样默默无闻,但贡献却是很大的,正所谓"春风化雨,润物无声"。

预防心理问题的出现,作为维护心理健康的重要一环,应该如何具体操作呢?

可以从两个方面入手:一是要锤炼心理健康的主体承载者的人格素质,增强心理的适应性,提高承受能力和抗压能力;二是要营造适宜人的心理健康发展的外在环境,包括家庭环境、团体环境和社会环境等。

1. 增强心理的适应性和抗压能力

无论从纵向的历史角度,还是从横向的环境角度,人在不同的境遇,受不同环境的影响,就会形成不同的人格状态。

很多研究表明,人的心理困扰是由于个体与社会环境在关系上出现了问题。即一些不利的成长环境,致使一部分人的人格产生了某些缺陷,造成社会适应能力下降,与环境产生的矛盾和摩擦也多了起来,心理上的困扰也就随之而来。可见心理问题是个体与环境相互作用、相互影响的结果。所以在生活实践中,培养个体的适应能力和抗压能力,也是预防心理问题产生的重要干预环节。

培养个体的适应能力和抗压能力,需要做的工作很多。可以从以下两个方面着手。

第一,是把个体的身心打造成正能量充足的人。

人的身心包含两大属性,即生物学和社会学两大属性。这两大属性相互作用,影响着人一生的发展。它们影响着人生的顺遂与否、幸与不幸、生死存亡等重大事件。也就是说,人的身心状态,取决于人的生物学属性和社会学属性之间的相互关系,对二者及其关系的影响与控制,可以直接影响人的身心状态。人的生物学属性,主要取决于遗传素质,后天对遗传因素的影响作用有限。我们可以施加影响的因素,主要是社会关系因素。所以我们要协调和控制一些可以操控的因素,对人的发展施加必要的影响,以期打造具有良好身心素质,正能量充足的人。

第十三章 防患于未然

一是要有一颗善良的心。

古今中外很多先贤们都提出了"善"的理念,比如孔子、孟子、苏格拉底和柏拉图都提出了"善"的理念,后来的学者们也围绕这些理念发表了很多思辨性的文章。

这里我们谈的主要是大众所熟知的"善良"。它是人的认知态度与情感的混合物,是人性中最美好的部分,是一种理解和同情,是恻隐和慈悲心,是对他人的关怀、支持和帮助。

用一个事例来说明什么是善良。英国作家奥威尔在《西班牙战争回顾》中讲述了这样一件事:一天早晨,他到前沿阵地打狙击,好不容易才看见一个目标——一个光着膀子、提着裤子的敌方士兵,正在不远处……此乃天赐良机,且十拿九稳。但奥威尔犹豫了,他的手指僵硬,不想扣动扳机,两眼愣愣地看着那个人离开。他心想:"一个提着裤子的人已不能算是法西斯分子,我不想开枪打死他。"这就是活生生的"善良"的写照。

一个内心善良的人,对他人不会狠毒,往往不会主动制造事端、挑起矛盾、带来不必要的麻烦,内心相对安静平和;善良的人由于能够理解和同情他人,关心和支持他人,也会获得更多感恩的回馈,人际关系比较好,内心的正能量与环境形成一个良性的循环,有助于人的身心健康。

有这样一个故事,著名的催眠专家埃里克森准备去南方讲学,他的助手知道之后对他说:他有个姑姑就在南方,她因为抑郁长时间待在家里,一个人很孤独,希望埃里克森在路过她的家乡时能给予帮助。

埃里克森答应了。埃里克森走进姑姑的房子,有好几个大房间的房子显得很空旷阴暗,只有在窗台处的几盆紫罗兰引起了埃里克森的注意,他仔细打量起了那几盆花。

姑姑看到埃里克森在看紫罗兰,眼睛也亮了起来。埃里克森知道姑姑很喜欢紫罗兰,就说你为什么不和大家分享呢?姑姑带着喜悦的目光看着埃里克森,明白了埃里克森的意思。

在以后的日子里,姑姑不断地把紫罗兰分享给别人,不停地到市场购买并培植紫罗兰,再不断地送给别人,这样她就自然而然地走出了房间,不断通过紫罗兰与他人进行交流。

她奉献了自己喜欢的紫罗兰,赢得了人们对她的喜爱,她的抑郁也在不知不觉中消散得无影无踪了。当她去世的时候,全镇的人都来给她送行。

从这位姑姑的案例来看,她对紫罗兰的感情是一种爱,而把它分享给别人则是一种善良。爱和善良都是正能量,当这二者一并起作用的时候,就会产生更大的能量。

在心理咨询过程中发现,有很多深陷严重心理危机的人最终没有选择结束自己的生命,很大一部分也是因为内心的善良和责任感。他们不愿意伤害到他人,让无辜的亲人承受痛苦,而选择了自己忍受痛苦。可见善良是有能量的,它可以引导人们积极的价值取向,并使人坚毅而顽强。

二是要有一定的愿望和梦想。

良好的指向未来的愿望和梦想,是人最重要的精神力量之一。很多人精神上的追求,像中国革命早期共产党员的那种大无畏精神,忘我的牺牲精神,在长征艰苦卓绝的条件下爬雪山、过草地,战胜一切困难的勇敢顽强精神,都是强劲力量的展示。抗美援朝的志愿军战士,为什么能够在武器装备处于明显劣势的情况下战胜强大的敌人,靠的就是人的精神力量。美国心理学家大卫·霍金斯通过二十多年的研究,证实人的精神也就是意识是有能量的,而且能量是有层级的。越是和众多人相联系,越是善的意识,能量的层级越高。

人的很多动力都来源于对明天的期待。年轻时期待自己的未来,在哪里工作,和什么样的人一起生活,自己的宝宝将如何培养……年龄大了,开始期待孩子们将来的发展……更多的人对未来的一切都充满期待……战乱国家的人民期待和平,饥饿中的人民期待能够温饱,失学的孩子期待能够上学……人们在期待中,滋长了生命的能量。

人的梦想各异,并非千篇一律,也并非都渴求轰轰烈烈、成名成家。光宗耀祖、荣华富贵是梦想,"老婆孩子热炕头"是梦想,"牛肉烧土豆"也是梦想。追求奋斗的过程,追求四平八稳,都可以是人生的梦想。

追求梦想不是一味地追求高大上的目标,过高的追求与不切实际的愿望可能适得其反,过犹不及反而会产生挫败感,让人怀疑人生的价值和意义,"只能成龙不能成虫"的观念是不切实际的。生命的状态本来就是千差万别的,每一种生命都有自己的精彩,千姿百态的植物,灵动鲜活的动物,无论是刚出生的果蝇还是高山上的岩羊,各种生命都呈现出了自己独有的状态,都值得细细欣赏。

每个人所选择的生活道路,都应该是适合自己的。就像熊猫吃竹子、能爬树,麻雀吃昆虫、能飞,以自己的生活方式活着就好,不必为追求一种自己无法企及的生活而徒生烦恼。

有一位四十多岁的男士,说他在二十出头时得了很严重的抑郁症,他能顽强地从抑郁中走出来,最大的支撑力量就是"我还要成家,要娶妻生子,要赡养老人,不能就这样完蛋了"。即使是这样既朴素又简单的梦想,也依然具有强大的能量,能够助力其坚毅前行,最终走出困境。

唐山大地震时曾有一个超过生命极限时间而得救的妇女,人们好奇地问,是什么力量支撑你活下来?她的回答很出人意料,她说:"我平时总跟一个邻居吵架,我想不能就这样死了,一定要努力活下来,不能让那位邻居占便宜。"这样一个略显庸俗的想法,居然也能成为她生命的支持力量。从这里也可以看出,只要对未来有所期待,就能滋长出支撑生命的正能量。

三是要锻造勇敢顽强的意志品质。

任何事物都具有阴阳两种属性,生命也一样。既有生的力量助力生长,也有死的力量破坏生长。比如说植物,气候、阳光和水土是植物生长必不可少的助力,然而这些助力在极端条件下也可能变成生长的阻力,成为死亡的助力。所以植物的生长也需要一定的抗干扰能力,这样才能枝繁叶茂、郁郁葱葱。

树的根系不发达就无法吸收营养、对抗风雨,人也是这样,不能遇到一丁点困难就叫苦连天,跌倒了就再也不敢爬起来了,生怕再次跌倒。意志品质薄弱的人很难在充满挑战的路上勇毅前行。战胜人生路上的各种艰难险阻,不仅要靠智慧去选择最佳的问题解决方法,还要靠勇敢顽强的意志品质去坦然面对,敢于承受各种压力和困难。在一些苦难来袭的时候,我们无法回避,只能用顽强的意志品质来承受!

2021年世界残奥会,中国运动员的金牌和奖牌总数都荣获第一名。在奖牌的背后,我们看到的是运动员那坚忍不拔、勇敢顽强、奋勇争先、百折不挠的强大人格。我们看到的是残缺的躯体里面那颗光辉耀眼的灵魂!没有顽强的意志品质,身体残缺的人很容易产生悲观绝望的情绪,连生命都将难以维持,更别说摘得奖牌。所以顽强的意志品质是人们克服困难、抵御各种生存挑战的重要素质。

在咨询中遇到一位女士,她的原生家庭关系非常恶劣,父母常年争吵,重男轻女,对女儿非打即骂。她高中时就得了严重的抑郁症,后来又遭受性侵，厄运似乎总是不断地降临在她身上。多年来，她非常努力地靠自己的智慧、勤奋和顽强的意志品质，与破坏自己生存的力量进行不屈的斗争，内心的正能量才得以逐渐增强，她用顽强的意志，承受住了外在的对生命的破坏力。

第二，是把个体打造成心理适应能力强的人。

适应能力实质上是一种生存能力。达尔文的观点是"适者生存"，不适者命运多舛，磕磕绊绊。强大的适应能力是我们能抵御恶劣环境影响，避免受到心理伤害的保护盾。心理适应能力的强弱与心理的成熟度及心理的保护机制有关。

心理成熟是指心理年龄与生理年龄相符。如果一个二十多岁的人心理上还像孩子一样幼稚，就没有达到相应的心理成熟度，社会适应能力和人际交往能力都会偏弱，承受困难和打击的能力也会较差，不能快速成长的话则容易出现退缩和逃避等倾向，导致性格逐渐内向和孤僻。所以提高心理成熟度，是提高人的适应能力的重要内容之一。

心理成熟度深受家庭教育的影响，如果父母对孩子照顾过度，很多事都由父母包办代替，剥夺孩子锻炼和成长的机会，孩子的心理成熟就会受到消极的影响。如果父母管教过严，剥夺了孩子自主探索的机会，心理的成熟也会受到影响。如果孩子在幼儿园或小学低年级阶段因遭遇校园霸凌受到惊吓，感到恐惧，就容易形成不安全感，不敢与同伴交往，也会影响心理的成熟。

有一位大学女生，曾有过双向情感障碍。她每次咨询的主要目标都是想改善自己的人际交往能力。她不知道该如何与别人交流，同学们在一起讲话时，她只能做旁观者，如果她也参与话题，立刻就没人再讲话了。她在生活中没有朋友，恋爱时也不知该如何与对方相处，与男朋友分手后感到非常痛苦，迫切地想提高自己的人际交往能力。

经了解得知，她小时候被母亲管教得异常严格，母亲不让她与其他小朋友来往，怕跟其他孩子学坏了，影响学习。与同辈群体交往的机会被剥夺后，人际交往缺少了适宜的培育环境，导致心理成熟明显低于同龄人应有的水平。但她的智力水平很高，思维也很敏捷。

此外，形成一定的心理保护机制，也可以增强人的心理适应能力。这里所说的心理保护机制，不同于弗洛伊德理论中的心理防御机制，因为弗洛伊德所说的心理防御机制,更多的是一种无意识的保护,这里讲的是意识层面的保护,是保护自己的主动行为。

有一个初二的小女孩,母亲说她有心理问题,不学习,还早恋。咨询师访谈后发现,女孩的心理比母亲要健康,而母亲则有严重的抑郁症。母亲说自己走在路上就想向开来的车撞过去。但母亲不是为自己,而是为孩子来咨询的。咨询师问孩子,你的心态为什么这么好?孩子说:"能不好吗,如果在这样的家庭不保持好心态,我早就抑郁了。"

孩子说父母经常吵架,父亲是给领导开车的司机,平时工作很忙,经常不在家。领导出差时,父亲宁可在外面喝酒也不回家照顾孩子,很没有责任感。母亲从小的家庭管教很严,父亲是私塾老师,对她的态度多是否定、批评和谩骂。记得有一次她的作文受到了老师的表扬,她高高兴兴地跑回家,向父亲报告这一"喜讯"。结果她父亲把作文拿过来看过之后,"啪"地一下摔在地上,气愤地说:"这是什么作文,像白菜帮子似的。"通过母亲的叙述,咨询师理解了母亲抑郁的心境,同时对母亲也进行了针对性辅导。详细的访谈过后,咨询师理解了女儿处境的艰难,也感叹女儿的聪明和坚强,她已经有了让自己适应这个特定家庭环境的保护机制。

还有这样一则故事。印度的巴拉根昌在他贫穷的时候,人们谩骂、诋毁他,他不计较,也不与别人争吵。他绕着自己的房子走三圈,心想,我还这么穷,连地都没有,哪有时间与他人争吵呢。他把精力都用在干活挣钱上,有点余钱他就买一点地,后来他的房前屋后都是他家的地。之后再有人谩骂和诋毁他,他就绕着他家的地走一圈,心想,我都有这么多地了,哪能和他们一般见识,不能去和他们争吵,还有很多更重要的事情要做呢。所以他的心态一直很好,他的故事也广为后世称颂。

这两个案例都说明,人是有能力采取积极的方法和态度来抵消环境造成的不利影响,从而保护自己的。

2. 营造有益心理健康发展的外部环境

孟母三迁生动形象地说明了古人对环境影响的重视。俗语说"近朱者赤,近墨者黑",就是强调环境的重要作用。要营造有益心理健康发展的外部环境,我们可以从大到小,分别加以阐述。

第一,人类的大环境。

我们居住在同一个地球,随着科技水平的迅速发展,经济贸易和文化领域的交流日益频繁便利,人们之间的联系也越来越紧密,人类形成了一个命运共同体,整个地球就如同茫茫宇宙中的一个小村落。这个地球村的自然环境和社会环境状况,直接影响人们的心理健康水平。相对于自然环境,社会环境对人们心理健康的影响占主导地位。

社会的稳定与和谐会塑造个体心理的稳定与和谐,反之个体心理的稳定与和谐也是社会和谐稳定的构成要素,必然影响社会的安定。二者相互依存,不可分割。当前的社会,正处在百年未有之大变局的初始阶段,自然环境的变化与社会变革交织在一起,引发了诸多的矛盾,人们的心理也因此焦躁起来,心理疾病随之出现。

自然环境的变化体现在地球温度升高,气候变暖,南北极冰雪融化,海平面升高,异常天气增多,自然灾害增多。这些环境变化对人的心理也会间接产生一定程度的消极影响。目前我们所经历的新冠疫情,是一百多年来最为严重的流行病灾害,它对全球人民的影响是广泛而巨大的,它所引起的恐惧和悲伤,已经深深地印刻在了亿万人的心中,成为挥之不去的阴影,给人们的心理带来巨大的创伤。

人类的社会环境正处于急剧变化的动荡之中,社会环境的变化一方面是由自然环境变化引起的,气候变化引起的自然灾害给整个人类社会都带来了新的挑战和压力。此外,国际社会的动荡、种族歧视、信仰冲突、文化碰撞、经济发展不平衡、国家之间的战乱、治理能力的差异等都存在诸多矛盾,这些矛盾也增加了人们的不安全感,为人们的心理增添了许多负担,成为心理问题产生的根源。

从心理健康的角度来看,治理好地球村的自然环境和社会环境,也就是为保障心理的健康发展提供了必要的基础,是心理疾病的"不治而治"。尽管看似没有治疗,但又胜于治疗,是由于可以通过环境的改善来避免人的心理问题的产生,所以说是"未病先治"。

面对让人类生存受到威胁的气候问题和新冠疫情,世界各国正在采取行动,但是由于认知上的差异,国别间行动的一致性很差,而这种差异很令人担忧,人们心理上的困扰很难从根本上扫除。社会环境的治理与改善同样令人担忧,人类的物欲仍然高涨,奉行利益至上,以己为先。习近平总书记在党的十八大报告中提出的人类命运共同体的思想已经逐渐被国际社会所认同,可是强权政治和国际霸凌行为仍然存在,伊拉克、叙利亚、阿富汗、利比亚、海地等国家的人民仍然生活在饥寒交迫、水深火热之中。以美国为首的西方发达国家,失业率逐年增加,社会种族矛盾激化,贫富两极分化严重,民间枪支泛滥,极端的自由与无政府主义都使得社会动荡不安,人心焦虑浮躁,心理问题必然也随之大幅度增加。

许多参加过战争的美国士兵,战争结束后会产生一种心理疾病,由于症状的综合性与复杂性,难以用某个单一的疾病命名,所以就叫"战争综合征"。虽然士兵们都回到了和平的环境,但是过去的经历依然在影响着他们,让他们一生都很难安定下来。

2021年8月31日,美国士兵从阿富汗撤退回国,这些士兵回国后,享受平和安逸的生活对他们来说恐怕没有那么容易。因为他们的身体和心理处在不同的社会环境之中,身体处在美国的和平环境中,而心在很大程度上却仍然在阿富汗。在阿富汗牺牲的战友、残酷的死亡场景、自己亲手杀过的人……战争是正义的,还是非正义的?自己是战斗的英雄,还是刽子手?自己的人生经历是值得称颂的,还是令人诅咒的?自己是凯旋的英雄,还是战败的逃兵?各种场景,各种疑问,让他们思绪万千,时常经受被灵魂拷问的折磨,很多人因承受不起精神上的折磨而罹患心理疾病,严重的则自杀了。可见社会对人的心理的影响是多么巨大。

关于良好的人类社会环境的构建,习近平总书记提出的"构建人类命运共同体思想"具有深刻的思想内涵与时代价值,这需要我们大家共同去推动和建设。如果这个世界实现了我们的祖先所倡导的"天地人"和谐的境界,人类心理问题出现的概率就会大大减少,心理健康也就有了源头性的保障,这才是解决心理问题的根本之源。

第二,国家的大环境。

国家是人类命运共同体的构成单位,同时,它又是特定区域的最大环境。国家的政治、经济和文化特点,对该国度的人民有着决定性的影响。纵观世界各国的发展历程,社会的政治经济和文化状况都给当时的人民带来了重大的影响。我国盛唐时期人们以"大唐盛世"为荣,内心充满幸福和喜悦。安史之乱后国家衰败,则让人们产生了"国破山河在,城春草木深"的忧伤之感。古时候的两河流域孕育了巴比伦文明,而今却满目疮痍,破败不堪,让人心何安?

国家何其重要,它是人们的精神家园,是最安全的心灵港湾。古今中外很多先贤们都意识到了国家治理的重要性,并提出了闪烁智慧的光芒的治理思想。如"修身、齐家、治国、平天下"思想,"治大国如烹小鲜"思想,"德治""善治"思想,"得民心者得天下"思想,以及古希腊哲学家柏拉图提出的构建"理想国"的思想等,对于建设什么样的国家、如何建设国家,都有很好的借鉴意义。我们在这里,不是以哲学家和政治家那种宏观的角度去看待和思考问题,而是从心理健康的角度,谈谈我们的看法。

一是生存的安定性。

一个国家,如果没有战乱,没有瘟疫,没有饥荒,人们安居乐业,专注于学习、工作与生活,在一个稳定的环境中,人们的心理自然安稳,不容易产生太大的心理问题。当然任何社会都是有矛盾存在的,心理问题也不可能完全杜绝,但是相对安稳和谐的环境,能在一定程度上减轻人们的心理压力,心理问题也会相应较少。

曾经听到过这样一个故事。有一位战乱国家的官员到我国南部某省份去考察访问,当地政府热情接待,在访客到来时燃放鞭炮以示欢迎,这位官员一听到响声马上跑到远处去躲避。不理解的人觉得他的行为很奇怪,而理解的人都知道,这是战争留给人们的恐怖记忆使然,是心理上对爆炸声音的恐惧。

二是社会的公平性。

社会不仅需要安定,还需要有基本的公平。公平体现了人间正义,体现了合情合理。公平社会会让人们产生坦然自得的心理,不会产生心理不平衡,不会出现不满或是愤恨。如果一个社会,富人花天酒地,穷人饥肠辘辘;特权者为所欲为,无权无势者处处碰壁……在这样的社会中生活的人,心理的压力就会很大,"不平则鸣",心理问题当然也会增多。所以从制度和治理上保障社会的公平,是预防心理问题产生的社会责任,也是"上医医国"的体现。

中国近年来所采取的措施,包括社会扶贫建设,打击贪污腐败和扫黑除恶,都是加强社会治理、提高公平性的体现,也是阴阳平衡、扶正祛邪的体现。扶贫是"扶正",打击贪污腐败和扫黑除恶是"祛邪"。这些符合民意的社会治理举措,得到了人民的拥护与支持,人民体验着满满的获得感和幸福感,心理的压力也会相应减少很多。据调查统计,中国人对政府的满意度达到95%以上,这样高的满意度在世界上是很少见的。

社会的公平正义，不能光喊口号，要用实际行动来证明，是人们可以真实感受到的亲身体验，不是标语和理念，更不是谎言。此次在全球范围内流行的新冠疫情，检验了不同国家的公平水平。中国的免费核酸检测、免费疫苗注射、免费治疗这种人人平等的公平做法，真真切切地体现在现实生活中，是人们亲眼所见，亲身体验，真心所感。而在有些国家，贫穷百姓住不上医院，只能在家自行隔离，因得不到及时救治而死去的人难以计数。可见国家不论贫富，公平都是一项需要认真践行的原则，需要用心去建设。

三是生活的自由性。

生活的自由是相对而言的，是指不被过多地限制和干涉。正如"治大国如烹小鲜"，治理一个大国，就像烹饪小鱼一样，不能瞎折腾，瞎折腾就把小鱼都搞碎了，没有了形状，这道菜也就搞砸了。瞎折腾就是干涉过多、不切实际，自然不会有好结果。

一个民主和谐的社会，应该是人们生活自由而不失秩序，受规则限制而不会感到压抑，人的心灵不被扭曲，不会因社会原因导致各种严重的心理问题。所以国家要给每个人创造自由生活的环境条件，真正实现以人为本，以人的健康发展和幸福为本，得到更多民心的社会治理也会更容易。

四是人际的和谐性。

和谐社会是人心所向，也是人的心理健康发展的有利条件。社会的和谐，源于人的和谐，而人的和谐取决于心灵的和谐。构建和谐的社会需要从心灵着手，如果每个人都有追求和谐的心，社会必然和谐。追求社会的和谐是中国的文化传统，主张个人加强修养，遵循伦理道德，实现家庭和睦，促进社会和谐，即"家和万事兴"，家是社会的细胞，家庭稳定和睦，国家也将兴旺发达。

中国人追求和谐是对阴阳平衡思想的深刻理解的体现，只有实现社会的和谐，阴阳才能保持平衡，社会才能稳定可持续发展，否则社会就会出现动荡，国家的存亡都将遭受严峻考验。

中华人民共和国成立后，我国更加重视社会的和谐，强调五十六个民族都是一家人。我们的文化观念中的"和为贵""合则两利，斗则俱伤""一方有难八方支援"等，都是和谐思想的体现。社会和谐可以在一定程度上避免严重心理问题的产生。

五是价值的向善性。

我们生活在这个世界上,都有自己独特的价值和意义,有自己的理想和追求,都应该得到尊重和支持。善治的社会应该积极引导社会向善的价值取向,这样更有利于社会的和谐与稳定。当然在满足人的不同需求的基础上,也要适当引导人们追求益于他人、益于社会的价值取向,而不是损人利己、不顾他人的价值取向。

在价值取向上,应该引导更多的人从追求物质的取向转向追求精神的取向,使人的取向至少是双轮驱动,而不是容易翻车的独轮车。

现今社会人们对物质生活的重视程度,明显高于精神生活,这种价值导向是有隐患的。我们知道阴阳平衡是任何事物存在和发展的必要条件,如果出现了严重的失衡,就会出现问题。社会的发展也是如此,不能只注重物质层面的追求和享受,也要引导和发展社会的精神文化追求,用两条腿走路,即"一阴一阳谓之道""孤阳不生,孤阴不长"。

很多研究表明,科技与经济水平的提高,并不一定能带来人们心理健康水平的提高,反而可能引起心理健康水平的下降。日本在20世纪80年代经济飞速发展,成为世界第二大经济体,可当时日本的自杀率也飞速上升。而人们发现尼泊尔这个经济不发达的国家,人们的心理健康的指数比很多发达国家都高,造成这种结果的原因是多方面的,其中很重要的一点就是人们有较高的精神追求,内心充实平和,心理问题自然就少。

可见,物质的富足并不能完全替代精神的需求。所以在价值塑造层面要引导人们在追求物质生活条件改善的同时,把精神层次的追求作为更高的目标,以期为人们带来精神层面的动能,达到内心平衡。

近年来我国出台的很多政策都完美契合了时代发展的需要,为人称道。比如提出"让每个人都有出彩的机会",每年都要评选各级各类的先进人物,这些人物都体现出了一种时代精神,即踏实做事、为国为民倾力奉献的无私精神。尤其是各省市评选的"好人",为人们树立了精神追求的榜样,让做"好人"的精神需求胜过对物质的占有需求,更进一步彰显人性美好的一面,让自我得到升华,使社会更加和谐。

第三,是家庭的小环境。

家庭是人生的摇篮,父母是孩子的第一任老师。很多研究表明,童年的经历塑造了人生最初的知识和经验,对人的一生具有重要的影响。我们在实践中发现,夫妻频繁争吵的家庭,单亲家庭,留守儿童家庭,父母与孩子缺乏沟通、缺少来源于父母关爱的家庭，非民主型家庭，以及过分溺爱孩子的家庭等，都会对儿童产生不同程度的影响，让儿童本该晴朗的天空阴霾沉沉，甚至遍布挥之不去的乌云。

"家文化"是中国文化的传统特点。中国人对祖先的敬畏与尊崇，光宗耀祖的志向，以及对家的爱护，对家法家规的遵守，使中国人的归属感和团结意识尤其浓烈。"家和万事兴"是人人都懂的道理，已经深入国人的骨髓。但是，中国的传统文化曾在特殊历史时期被人们所忽视，忽视了家作为一个社会细胞在社会治理中的节点作用，忽视了"修身、齐家、治国、平天下"这一管理哲学思想所传递的深刻内涵，以至于个体、家庭和社会，都出现了不同程度的问题。

社会发展进入新时代，家庭作为社会的细胞，重新得到了应有的重视。2016年，习近平总书记会见第一届全国文明家庭代表时讲话指出："家风好，就能家道兴盛、和顺美满；家风差，难免殃及子孙、贻害社会。"

习近平总书记谈及家风建设，正是从中国传统文化的角度，从整体和大局上把握了"修身治国平天下"的深刻内涵，意识到家就是国，国就是家，家与国的相互依存关系。

从保障心理健康，预防心理问题产生的角度来看，家庭的建设应该重点关注以下几个方面：

一是家庭要有安全保障。

人们常说，家是心灵的港湾。港湾意味着安全与温暖，否则就与小船在无垠的大海上漂泊毫无区别，随时可能被海浪打翻，被狂风卷走。

家的安全，一方面是以国家和社会的安定为前提，国家不安定，家也很难安定。在那些战乱中的中亚、北非国家，随时都有房倒屋塌的危险，随时都要面临家破人亡，生命安全都没有保障，何谈心安；另一方面，家的安定要靠家庭成员的协同建设。首先要确保家庭的基本生活有保障，如衣食住行等的日常开销和人身安全的保障等；家庭氛围和谐，是家庭结构完整的安全保障。人们在有全方位保障的环境中成长，安全感就比较强，否则就会因某种需求的匮乏而导致一系列的问题。

一个男孩在父母离异后与母亲生活在一起，母亲有一次见他身上有伤痕，询问原因，他怯怯地说，是班级同学打的。母亲生气地说，那你为什么不和妈妈说呢？男孩说，我也没有爸爸，说了你也打不过他爸爸。母亲的眼睛一下子就湿润了。咨询师也觉得这个男孩性格偏老实内向。

还有一个男孩,非常吝啬。他的父亲讲过这样一件事:父亲为他买完房子并且装修好后告诉他,希望他能拿出点钱。父亲让咨询师猜测一下,孩子拿了多少钱。咨询师说猜不到。父亲笑着说,孩子从兜里拿出120块钱给了他。咨询师也感到匪夷所思,说很可能孩子不了解社会,不了解装修需要多少钱吧,或者他确实没钱。父亲说并非他不了解社会,也不是没钱,他说孩子自己有二十多万元呢(2010年)。

父亲列举完孩子的一系列吝啬行为后,道明了原因。有一点引起了咨询师的注意,父亲在孩子小的时候经常说家里没钱。其实家里条件不错,只是父亲总是经常那样说。孩子从小的认知就是家里没钱,所以处处有意节省,唯恐多花钱,看到别人花钱他也会去阻止。口中时常念叨的就是"钱花没了可怎么办",非常缺乏安全感。由此推论,无论是家中客观上真的贫穷,还是孩子主观上觉得贫穷,都可能给孩子带来消极的影响,导致安全感的缺失。

著名心理学家斯金纳的母亲在他小时候经常吓唬他,说如果你再犯错误,就让警察把你抓走。幼时对警察的恐惧一直延续了他的一生。斯金纳在上大学的时候,看电影都要多买两张电影票送给警察以示讨好,可见安全感对一个人来说是多么重要。

二是要有和谐的家庭氛围。

最适宜人成长的家庭环境,是在人身安全有保障的前提下,让人能感受到轻松、友好、亲情、温馨的氛围。家里没有热战,也没有冷战,家庭成员之间更多的是理解、包容和体谅,是关系紧密血浓于水的真情。家人的真诚交流与真情互动构成了一个家庭的灵魂,缺少温馨情感和精神力量的家庭,即使房子再大,装修再豪华,名品首饰再多,也没有灵魂。

家庭的核心是人,不是物,家人间关系的和谐,是每一位成员的重要心理资源,每一位家庭成员都会从中获益,并能真切地感受到生活的幸福,是心灵成长取之不竭的力量源泉。然而不和谐的家庭关系,对孩子来说伤害是非常大的。不仅会造成幼小孩子的心理创伤,也可能会影响孩子的一生。

记得在1999年读过乌尔沁写的《不良父母》,书中细致描述了父母离异对孩子的影响。他四岁半的时候父母离婚,他希望跟着母亲,但是母亲不想带他。下面是作者与母亲的相关场景描写:

"我看我妈不吭声所以又大起胆子,苦叫了一声:妈啊,妈,我……我……我想跟你呀,妈……妈啊,就让我跟你吧……妈。可是……可是,我妈无言,塑像一般。她头也不回。她不动声色。任凭我再一次哭叫着:妈……啊……妈。妈……啊,您就让我……我……我……我……我……我跟你去吧。我哭丧着。我求着。我泪流满面。可是我妈听了头也不回,一字不答。冷冰冰就像京城孔庙里面那一尊高高供奉的石胎孔子雕像。我……我只好号哭。哭如冬风。心如寒冬。我好冷啊。妈……啊。"

这是家庭变故带给孩子的痛苦感受。即使家庭没有解体,家人间的关系不和谐,缺乏情感沟通,甚至冷战、热战不断,人的心理都会受到影响,尤其对孩子的伤害更重。

有一个严重抑郁的孩子反映,他与父亲的关系非常紧张,父亲回家很少讲话,讲话也就只有几句,且都是发脾气。大多数时候就独自看电视,从来也不跟家人交流。母亲也表示丈夫确实是这样,家里的气氛很压抑,缺少其乐融融的温馨。咨询师希望父亲能够改变自己的状态,改善家庭关系,从而改变家庭氛围,但是孩子不相信父亲能够改变。咨询师通过父亲在咨询现场所表现出的顽固状态,也对父亲的改变缺少信心。

原来父亲是一位军官转业到地方的干部,性格硬朗,个性顽固,不容易受外界影响。父亲说,我在部队时同志间有什么问题,几句话就解决了。可是与孩子就无法沟通,说什么他都听不进去。可见父亲把在部队的沟通习惯与方式带回了家。他不理解孩子,孩子也适应不了一个军官式的父亲。

咨询师分析,他在家里更多的是像军官,不像父亲,缺少夫妻和父子间的温情。可是为了家庭和孩子,他真的努力做出了改变。他抽时间陪家人出去游玩,陪孩子一起打羽毛球。母亲惊喜异常,第一时间把喜讯传达给咨询师,还配有丈夫和儿子一起打羽毛球的照片。随着家庭关系的改善,孩子的问题也随之开始好转。

三是形成优良的家风。

家庭的安全与和谐都是构建和谐社会的必要条件,但是最好的家庭环境是优良的家风。优良的家风是中华传统美德在家庭中的体现,能够体现中华传统美德的家风就是优良的家风。

具体地说,优良的家风包括:内心的善良与慈悲;生活的勤劳与节俭;人际关系的友爱与互助;处理矛盾时的宽容与大度;利益面前的谦让与无私;

责任面前的勇敢与担当;价值取向上的崇高与利他。反之则不是优良的家风,如争名夺利,挑拨是非,挥霍无度,尔虞我诈,斤斤计较,等等。

优良的家风需要家庭成员与社会共同建设,社会起到重要的引领和导向作用,家庭成员的个人修养则是家风建设的关键。如果每一位家庭成员都能意识到家风的重要性以及优良家风的参照标准,把家风建设当成一项重要的人生任务,家风就会逐渐成为良好的社会风尚,人们的心理环境也将更加和谐,心理健康也更加有保障。

在家庭的小环境和社会的大环境之外,还有两个对人有重要影响的场景,那就是学校和工作单位,尤其是学校要积极主动地开展心理健康教育活动,使心理健康教育与育人紧密结合起来。学校是重要的育人单位,心理健康的预防工作格外重要。心理健康教育不仅仅是开设课程讲知识,建设对身心有益的环境与开展促进心理健康的活动同样重要。做好工作单位的良好心理环境建设,重在关系的和谐与个人内心的丰盈。把单位的人文环境建设好,就是为心理健康孵化最好的课程。单位让每个人的心理素质都提升了,心理环境创设好了,不仅员工的心理不容易出问题,人的寿命也会延长,幸福感也会随之增强。

人的心理问题是个体与环境之间矛盾纠结的产物,要想解决人的心理问题,不仅要从咨询与治疗上入手,更要从改善个体与环境的关系上入手,使人与人之间的交流更加和谐和畅通,避免产生关系上的矛盾,带来情感上的阻滞和困扰,从而产生心理问题。尽量把问题扼杀在萌芽之前,实现心理问题的不治而治,这正是东方的智慧,是具有中国特色的心理咨询。

防患于未然,预防心理疾病的产生,比治疗疾病更为重要。

参 考 文 献

[1] 埃里希·弗鲁姆.被遗忘的语言[M].郭乙瑶,宋晓萍,译.北京:国际文化出版公司,2007.

[2] 布鲁斯·利普顿.信念的力量[M].喻华,译.北京:光明日报出版社,2015.

[3] 戴尔·卡耐基.人性的优点弱点[M].曾新,杨尚同,译.北京:中国档案出版社,2003.

[4] 弗雷德·艾伦·沃尔夫.量子心世界:在宇宙的无限可能中创造奇迹[M].艾琦,译.北京:华夏出版社,2013.

[5] 冈田武彦.王阳明大传[M].杨田,译.重庆:重庆出版社,2001.

[6] 高觉敷,燕国才.中国心理学史[M].北京:人民教育出版社,2005.

[7] 葛鲁嘉.心理学本土化:中国本土心理学的选择与突破[M].上海:上海教育出版社,2014.

[8] 辜鸿铭.中国人的精神[M].北京:北京理工大学出版社,2016.

[9] 韩进.笔迹学:从笔迹看性格[M].北京:中国城市出版社,1998.

[10] 黄光国,等.人情与面子:中国的权利游戏[M].北京:中国人民大学出版社,2010.

[11] 雷丁.缠绕的意念:当心理学遇见量子力学[M].任颂华,译.北京:人民邮电出版社,2015.

[12] 李叔同.中国人的禅修[M].北京:金城出版社,2014.

[13] 刘之谦,王庆文,傅国志.黄帝内经素问吴注评释[M].北京:中医古籍出版社,1988.

[14] 鲁迅.鲁迅全集[M].北京:华文出版社,2009.

[15] 明恩薄.中国人的性格[M].陶林,韩利利,译.南京:江苏凤凰文艺出版社,2018.

[16] 潘菽.中国古代心理学思想研究[M].南昌:江西人民出版社,1983.

[17] 索甲仁波切.西藏生死之书[M].北京:中国社会科学出版社,1999.

[18] 汪凤炎.中国心理学思想史[M].上海:上海教育出版社,2009.

[19] 王冰.图解黄帝内经全集[M].武汉:武汉出版社,2012.

[20] 雾满拦江.神奇圣人王阳明[M].长沙:湖南文艺出版社,2018.

[21] 亚历克斯·洛伊德,班·琼森.治疗密码[M].韩亮,译.北京:中信出版社,2012.

[22] 杨力.周易与中医学[M].北京:北京科学技术出版社,1989.

[23] 杨文圣.两仪心理疗法:心理问题的中国阐释[M].北京:商务印书馆,2017.

[24] 一行禅师.佛陀传[M].长沙:湖南文艺出版社,2014.

[25] 张安玲,等.中医学基础[M].上海:同济大学出版社,2009.

[26] 张福全.笔迹心理分析[M].合肥:安徽人民出版社,2010.

[27] 张福全.简明西方心理学史[M].合肥:安徽大学出版社,2012.

[28] 张福全.中式心理咨询[M].长春:吉林大学出版社,2019.

[29] 左斌.中国人的脸与面子:本土社会心理学探索[M].武汉:华中师大出版社,1997.

[30] 白奚.中国古代阴阳与五行说的合流:管子阴阳五行思想新探[J].中国社会科学,1997(5):23-33.

[31] 曹鸣岐.黄帝内经对心理治疗本土化的影响[J].河南商业高等专科学校学报,2007(1):97-100.

[32] 陈德述.略论阴阳五行学说的起源与形成[J].西华大学学报(哲学社会科学版),2014,33(2):6.

[33] 冯帆,李桂侠,张锦花,等.中国本土心理治疗的历史沿革与现状[J].心理技术与应用,2015(8):55-58.

[34] 何小娜.塞涅卡伦论"愤怒"的产生机制[J].重庆理工大学学报,2016(10):88-92.

[35] 江光荣.中国化:心理咨询在我国发展的必由之路[J].学校思想教育,1992(6):33-34.

[36] 居敏珠,彭彦琴.正念:佛教与心理学视野的异与同[J].知识经济,2012(14):47.

[37] 孔德生.我国心理咨询本土化的探索与实践[J].学术交流,2007(12):31-35.

[38] 李将镐.对东方心理咨询的模式的探索[J].心理科学,1996(3):180-182,174.

[39] 郦波.五百年来王阳明[J].当代电力文化,2021(6):107.

[40] 梁时荣,周琰.基于伦理道德、社会、心理认知与健康疾病的相关性研究[J].中国医学伦理学,2016,29(2):226-228.

[41] 刘晓明,王丽荣.中国人的心理智慧与东方心理咨询模式的建构[J].东北师大学报(哲学社会科学版),2015(5):192-197.

[42] 刘毅,李辉.论建立东方心理咨询模式[J].云南师范大学学报(哲学社会科学版),2005(6):29-32.

[43] 刘又嘉,贺璐,龙承星,等.中医阴阳平衡与微生态平衡契合性探析[J].中国中医药信息杂志,2017,24(4):5-8.

[44] 潘远根.阴阳的能量特性解读[J].湖南中医药大学学报,2009,29(6):3-7.

[45] 石文山.美国正念禅修的心理学化实证研究[J].徐州师范大学学报(哲学社会科学版),2012,38(5):146-151.

[46] 宋玉波,朱丹琼.阴阳五行说的发展演变与中华民族思维方式的基本形成[J].管子学刊,2011(2):51-59.

[47] 田进文,石巧荣,刘淑萍.细胞者,阴阳之道也[J].山东中医药大学学报,2001(6):402-407.

[48] 王勃.中国人的性格特点实证研究[J].法制与社会,2008(29):237,240.

[49] 王登峰,崔红.人格结构的中西方差异与中国人的人格特点[J].心理科学进展,2007(2):196-202.

[50] 王淑珍.正念:基于东方文化的心理治疗方法[J].社会心理科学,2016(2):5.

[51] 徐华春,黄希庭.国外心理健康服务及其启示[J].心理科学,2007(4):1006-1009.

[52] 许亮,贾洪飞,贾洪磊.不同运动项目对大学生抑郁心理的影响[J].当代体育科技,2015(27):2.

[53] 颜军,陈爱国.中等负荷运动训练对心理应激大鼠淋巴细胞凋亡的影响及其机制的研究[J].体育科学,2005,25(11):5.

[54] 颜永明,汤小虎,彭代平.从阴阳五行化生规律谈扶阳治疗的意义[J].辽宁中医杂

志,2014,41(4):659-660.

[55] 张书义.心理咨询主要理论流派述评[J].天中学刊,1997(3):5.

[56] 张秀琴,叶浩生.本土心理学评析[J].心理学探新,2008(1):3-6.

[57] 张玉庭.赞美的力量[J].心理世界,2003(6):42.

[58] 赵国求.阴阳二气及其互换的现代科学诠释[J].武汉工程职业技术学院学报,2001,13(3):5.

后　　记

在书稿即将付梓之际,有一种轻松,也有一种担心。虽然我们想把多年来的实践和探索以文字的方式表达出来与朋友们一起分享,但是由于水平所限,不当之处一定很多,还望大家多批评指正。

我们之所以想把这些方法分享给大家,是因为这种方法在实际运用的过程之中,常常会产生意想不到的效果。这种方法所给予我们的喜悦和自信,让我们产生了与朋友们分享的冲动,如果这些方法能够得到更广泛地运用,受益的人岂不是更多,更有意义?这正是我们呈现本书的内在驱动力。

在多年的探索实践过程中,以及在书稿的形成过程中,我们得到了众多人的指导与支持,尤其是得到了团队成员的认可和支持。同时,相关部门的领导也以不同的方式给予了大力的支持。在本书形成过程中,得到了林永柏教授、刘晓明教授、王希华教授、都兴芳教授、赵红教授、卫萍教授、周舟副教授、方群副教授、杨平博士、肖玉浩老师等专家、学者的中肯建议和悉心指导,使得本书进一步趋于完善。本书的出版得到了吉林外国语大学学术著作出版基金的资助,同时也得到了中国科学技术大学出版社领导和编辑的大力支持。在本书撰写过程中,参考了国际国内很多专家和学者的研究成果,他们的智慧给我们以很大的激励和启发。

在这里,向启迪我们进行实践探索的古代先贤们表达由衷的敬意！向给予我们指导和帮助的有关专家、学者、领导和朋友们表示衷心的感谢！

一本小书不足以阐明大道，还望有兴趣的广大同行们能够积极加入本土心理咨询的实践与探索之中，产出更多更优秀的成果，惠及更多需要帮助的人。

张福全　金圣华　谢　琛